KB102776

최신 수학과 교육과정의 핵심역량 반영

완전타파 과정 중심
서술형 문제

김진호 · 김윤영 · 박기범 · 지채영 지음

6학년 1학기

교육과학사

이 책에 대하여

서술형 문제! 왜 필요한가?

과거에는 수학에서도 계산 방법을 외워 숫자를 계산 방법에 대입하여 답을 구하는 지식 암기 위주의 학습이 많았습니다. 그러나 국제 학업 성취도 평가인 PISA와 TIMSS의 평가 경향이 바뀌고 싱가폴을 비롯한 선진국의 교과교육과정과 우리나라 학교 교육과정이 개정되며 암기 위주에서 벗어나 창의성을 강조하는 방향으로 변경되고 있습니다. 평가 방법에서는 기존의 선다형 문제, 주관식 문제에서 벗어나 서술형 문제가 도입되었으며 갈수록 그 비중이 커지는 추세입니다. 자신이 단순히 알고 있는 것을 확인하는 것에서 벗어나 아는 것을 논리적으로 정리하고 표현하는 과정과 의사소통능력을 중요시하게 되었습니다. 즉, 앞으로는 중요한 창의적 문제 해결 능력과 개념을 논리적으로 설명하는 능력을 길러주기 위한 학습과 그에 대한 평가가 필요합니다.

이 책의 특징은 다음과 같습니다.

계산을 아무리 잘하고 정답을 잘 찾아내더라도 서술형 평가에서 요구하는 풀이과정과 수학적 논리성을 갖춘 문장구성능력이 미비할 경우에는 높은 점수를 기대하기 어렵습니다. 또한 문항을 우연히 맞추거나 개념이 정립되지 않고 애매하게 알고 있는 상태에서 운 좋게 맞추는 경우, 같은 내용이 다른 유형으로 출제되거나 서술형으로 출제되면 틀릴 가능성이 더 높습니다. 이것은 수학적 원리를 이해하지 못한 채 문제 풀이 방법만 외웠기 때문입니다. 이 책은 단지 문장을 서술하는 방법과 내용을 외우는 것이 아니라 문제를 해결하는 과정을 읽고 쓰며 논리적인 사고력을 기르도록 합니다. 즉, 이 책은 수학적 문제 해결 과정을 중심으로 서술형 문제를 연습하며 기본적인 수학적 개념을 바탕으로 사고력을 길러주기 위하여 만들게 되었습니다.

이 책의 구성은 이렇습니다.

이 책은 각 단원별로 중요한 개념을 바탕으로 크게 '기본 개념', '오류 유형', '연결성' 영역으로 구성되어 있으며 필요에 따라 각 영역이 가감되어 있고 마지막으로 '창의성' 영역이 포함되어 있습니다. 각각의 영역은 '개념쏙쏙', '첫걸음 가볍게!', '한 걸음 두 걸음!', '도전! 서술형!', '실전! 서술형!'의 다섯 부분으로 구성되어 있습니다. '개념쏙쏙'에서는 중요한 수학 개념 중에서 음영으로 된 부분을 따라 쓰며 중요한 것을 익히거나 빈칸으로 되어 있는 부분을 채워가며 개념을 익힐 수 있습니다. '첫걸음 가볍게!'에서는 앞에서 익힌 것을 빈칸으로 두어 학생 스스로 개념을 써보는 연습을 하고, 뒷부분으로 갈수록 빈칸이 많아져 문제를 해결하는 과정을 전체적으로 서술해보도록 합니다. '창의성' 영역은 단원에서 익힌 개념을 확장해보며 심화적 사고를 유도합니다. '나의 실력은' 영역은 단원 평가로 각 단원에서 학습한 개념을 서술형 문제로 해결해보도록 합니다.

이 책의 활용 방법은 다음과 같습니다.

이 책에 제시된 서술형 문제를 '개념쏙쏙', '첫걸음 가볍게!', '한 걸음 두 걸음!', '도전! 서술형!', '실전! 서술형!'의 단계별로 차근차근 따라가다 보면 각 단원에서 중요하게 여기는 개념을 중심으로 문제를 해결할 수 있습니다. 이 때 문제에서 중요한 해결 과정을 서술하는 방법을 익히도록 합니다. 각 단계별로 진행하며 앞에서 학습한 내용을 스스로 서술해보는 연습을 통해 문제 해결 과정을 익힙니다. 마지막으로 '나의 실력은' 영역을 해결해 보며 앞에서 학습한 내용을 점검해 보도록 합니다.

또다른 방법은 '나의 실력은' 영역을 먼저 해결해 보며 학생 자신이 서술할 수 있는 내용과 서술이 부족한 부분을 확인합니다. 그 다음에 자신이 부족한 부분을 위주로 공부를 시작하며 문제를 해결하기 위한 서술을 연습해보도록 합니다. 그리고 남은 부분을 해결하며 단원 전체를 학습하고 다시 한 번 '나의 실력은' 영역을 해결해 봅니다.

문제에 대한 채점은 이렇게 합니다.

서술형 문제를 해결한 뒤 채점할 때에는 채점 기준과 부분별 배점이 중요합니다. 문제 해결 과정을 바라보는 관점에 따라 문제의 채점 기준은 약간의 차이가 있을 수 있고 문항별로 만점이나 부분 점수, 감점을 받을 수 있으나 이 책의 서술형 문제에서 제시하는 핵심 내용을 포함한다면 좋은 점수를 얻을 수 있을 것입니다. 이에 이 책에서는 문항별 채점 기준을 따로 제시하지 않고 핵심 내용을 중심으로 문제 해결 과정을 서술한 모범 예시 답안을 작성하여 놓았습니다. 또한 채점을 할 때에 학부모님께서는 문제의 정답에만 집착하지 마시고 학생과 함께 문제에 대한 내용을 묻고 답해보며 학생이 이해한 내용에 대해 어떤 방법으로 서술했는지를 같이 확인해 보며 부족한 부분을 보완해 나간다면 더욱 좋을 것입니다.

이 책을 해결하며 문제에 나와 있는 숫자들의 단순 계산보다는 이해를 바탕으로 문제의 해결 과정을 서술하는 의사소통 능력을 키워 일반 학교에서의 서술형 문제에 대한 자신감을 키워나갈 수 있으면 좋겠습니다.

저자 일동

차례

1. 각기둥과 각뿔

개념 쏙쏙!

✏️ 주어진 입체도형의 차이점과 공통점을 쓰시오.

(가)   (나)

1 (가)와 (나)의 차이점을 찾아봅시다.

① 밑면의 모양이 (가)는 [ ] 이고, (나)는 [ ] 입니다.

② 옆면의 개수가 (가)는 [ ] 개이고, (나)는 [ ] 개입니다.

③ 모서리의 개수가 (가)는 [ ] 개이고, (나)는 [ ] 개입니다.

④ 꼭짓점의 개수가 (가)는 [ ] 개이고, (나)는 [ ] 개입니다.

2 (가)와 (나)의 공통점을 찾아봅시다.

① 입체도형이며 [각기둥] 입니다.

② 밑면의 개수가 [ ] 개이며, 밑면이 서로 [평행] 하고 [합동] 입니다.

③ 밑면과 옆면이 서로 [수직] 입니다.

④ 옆면의 모양이 [직사각형] 입니다.

정리해 볼까요?

삼각기둥과 사각기둥의 차이점과 공통점 설명하기

· (가)와 (나)의 차이점은 밑면의 모양이 (가)는 삼각형이고, (나)는 사각형입니다.
옆면의 개수가 (가)는 3개이고, (나)는 4개입니다. 모서리의 개수가 (가)는 9개이고, (나)는 12개입니다.
꼭짓점의 개수가 (가)는 6개이고, (나)는 8개입니다.

· (가)와 (나)의 공통점은 입체도형이며 각기둥입니다. 밑면이 2개이며, 서로 평행하고 합동입니다.
밑면과 옆면은 서로 수직이고, 옆면의 모양이 직사각형입니다.

첫걸음 가볍게!

✏️ 주어진 입체도형의 차이점과 공통점을 쓰시오.

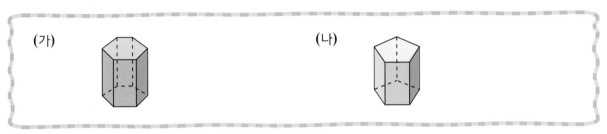

1 (가)와 (나)의 차이점을 찾아봅시다.

① 밑면의 모양이 (가)는 [   ] 이고, (나)는 [   ] 입니다.

② 옆면의 개수가 (가)는 [   ] 개이고, (나)는 [   ] 개입니다.

③ 모서리의 개수가 (가)는 [   ] 개이고, (나)는 [   ] 개입니다.

④ 꼭짓점의 개수가 (가)는 [   ] 개이고, (나)는 [   ] 개입니다.

2 (가)와 (나)의 공통점을 찾아봅시다.

① 입체도형이며 [   ] 입니다.

② 밑면의 개수가 [   ] 개이며, 밑면이 서로 [   ] 하고 [   ] 입니다.

③ 밑면과 옆면이 서로 [   ] 입니다.

④ 옆면의 모양이 [   ] 입니다.

3 (가)와 (나)의 차이점과 공통점을 찾아봅시다.

· (가)와 (나)의 차이점은 밑면의 모양이 (가)는 [   ] 이고, (나)는 [   ] 입니다.

옆면의 개수가 (가)는 [   ] 개이고, (나)는 [   ] 개입니다. 모서리 개수가 (가)는 [   ] 개이고,

(나)는 [   ] 개입니다. 꼭짓점의 개수가 (가)는 [   ] 개이고, (나)는 [   ] 개입니다.

· (가)와 (나)의 공통점은 입체도형이며 [   ] 입니다. 밑면의 개수가 [   ] 개이며, 서로 [   ]

하고 [   ] 입니다. 밑면과 옆면이 서로 [   ] 이고, 옆면의 모양이 [   ] 입니다.

한 걸음 두 걸음!

 주어진 입체도형의 차이점과 공통점을 쓰시오.

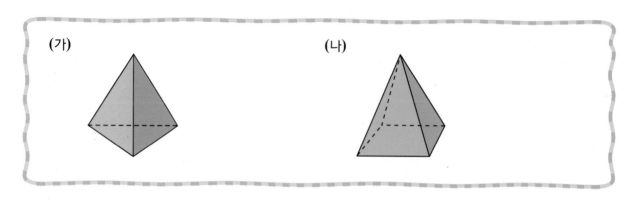

(가) (나)

1 (가)와 (나)의 차이점을 찾아봅시다.

① 밑면의 모양이 _____

② 옆면의 개수가 _____

③ 모서리의 개수가 _____

④ 꼭짓점의 개수가 _____

2 (가)와 (나)의 공통점을 찾아봅시다.

① 입체도형이며 _____

② 밑면의 개수가 _____

③ 옆면의 모양이 _____

도전! 서술형!

✏️ 주어진 입체도형의 차이점과 공통점을 각각 2가지씩 쓰시오.

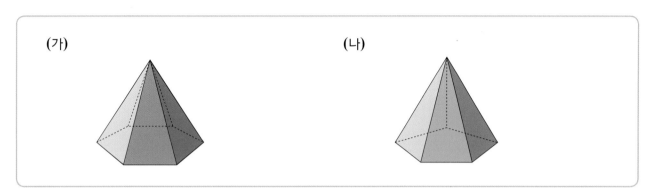

(가)   (나)

1 (가)와 (나)의 차이점을 찾아봅시다.

2 (가)와 (나)의 공통점을 찾아봅시다.

실전! 서술형!

 주어진 입체도형의 차이점과 공통점을 각각 2가지씩 쓰시오.

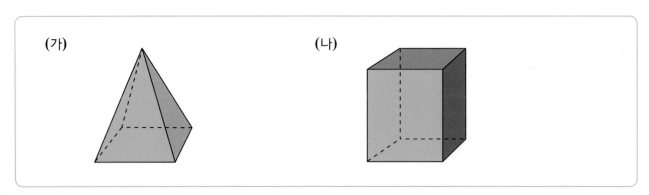

(가)

(나)

'개념쏙쏙'과 '첫걸음 가볍게'의 내용을
참고해서 차근차근 설명해 봅시다.

I. 각기둥과 각뿔 (오류유형)

개념 쏙쏙!

✎ 삼각기둥의 전개도가 아닌 것을 모두 찾고 그 이유를 쓰시오.

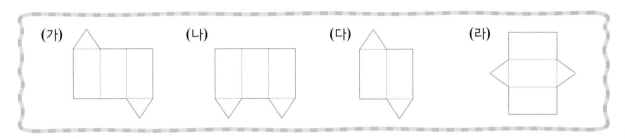

1 삼각기둥의 전개도를 찾는 방법을 알아봅시다.

① 밑면이 [삼각형] 인지 살펴봅니다.

② 밑면이 [2] 개이고, 서로 [합동] 인지 살펴봅니다.

③ 옆면의 모양이 직사각형이고 [3] 개인지 살펴봅니다.

④ 전개도를 접었을 때 만나는 [모서리] 의 길이가 같은지 살펴봅니다.

⑤ 전개도를 접었을 때 밑면 또는 옆면이 서로 [겹쳐지는지] 생각해 봅니다.

2 삼각기둥의 전개도는 [ ] 와 [ ] 이고, 삼각기둥의 전개도가 아닌 것은 [ ] 와 [ ] 입니다.

3 삼각기둥의 전개도가 아닌 이유를 설명해 봅시다.

① (나)는 밑면이 [겹쳐지기] 때문입니다.

② (다)는 옆면의 개수가 [ ] 개이기 때문입니다.

정리해 볼까요?

삼각기둥의 전개도가 아닌 것을 찾고 그 이유 설명하기

· 삼각기둥의 전개도가 아닌 것은 (나)와 (다)입니다.

· (나)는 전개도를 접었을 때 밑면이 [ ] , (다)는 옆면의 개수가 [ ] 개이기 때문입니다.

첫걸음 가볍게!

✏️ 사각기둥의 전개도가 아닌 것을 모두 찾고 그 이유를 쓰시오.

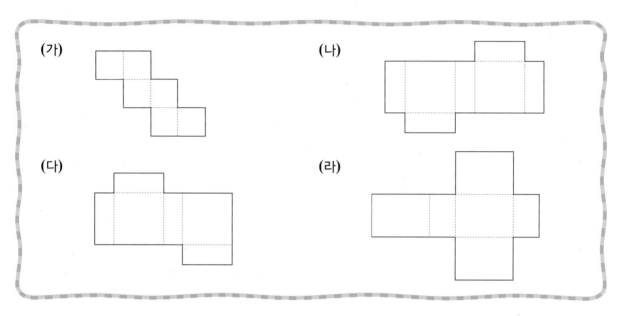

(가)

(나)

(다)

(라)

1 사각기둥의 전개도를 찾는 방법을 알아봅시다.

① 밑면이 [ ] 인지 살펴봅니다.

② 밑면이 [ ] 개이고, 서로 [ ] 인지 살펴봅니다.

③ 옆면이 직사각형이고, [ ] 개인지 살펴봅니다.

④ 전개도를 접었을 때 만나는 [ ] 의 길이가 같은지 살펴봅니다.

⑤ 전개도를 접었을 때 밑면 또는 옆면이 서로 [ ] 생각해 봅니다.

2 사각기둥의 전개도가 아닌 것을 모두 찾고 그 이유를 설명하여 봅시다.

사각기둥의 전개도가 아닌 것은 [ ] 와 [ ] 입니다.

그 이유는 [ ] 는 옆면의 개수가 [ ] 개이고, [ ] 는 접었을 때 만나는 [ ] 의

길이가 다르기 때문입니다.

한 걸음 두 걸음!

✏️ 오각기둥의 전개도가 아닌 것을 찾고 그 이유를 쓰시오.

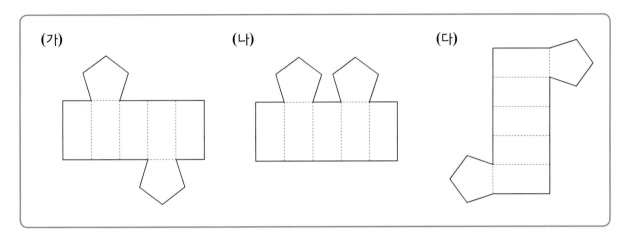

(가)   (나)   (다)

1 오각기둥의 전개도를 찾는 방법은 다음과 같습니다.

① _____

② _____

③ _____

④ _____

⑤ _____

2 오각기둥의 전개도가 아닌 것을 찾고 그 이유를 설명하여 봅시다.

오각기둥의 전개도가 아닌 것은 _____ 입니다.

그 이유는 _____

_____

도전! 서술형!

✏️ 각기둥의 전개도가 아닌 것을 찾고 그 이유를 쓰시오.

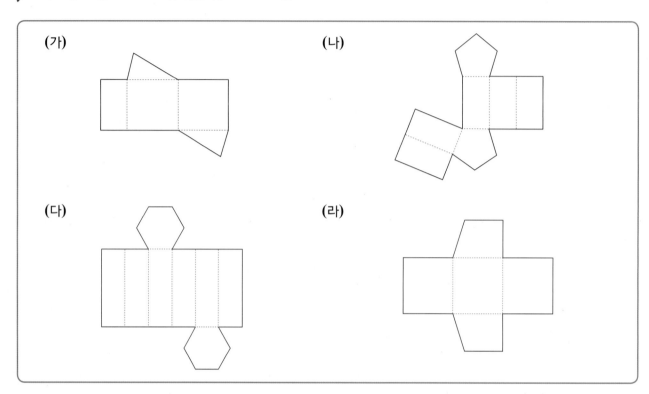

1️⃣ 각기둥의 전개도가 아닌 것은 _____입니다.

2️⃣ 각기둥의 전개도가 아닌 이유를 쓰시오.

실전! 서술형!

🖊 다음은 육각기둥의 전개도가 아닙니다. 그 이유를 쓰시오.

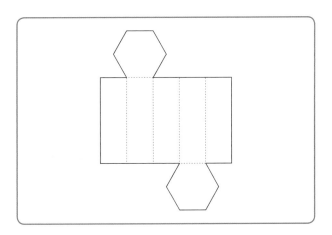

'개념 쏙쏙'과 '첫걸음 가볍게'의 내용을
참고해서 차근차근 설명해 봅시다.

✏ 각기둥의 면, 꼭짓점, 모서리의 수 사이에 있는 규칙을 설명해 보시오.

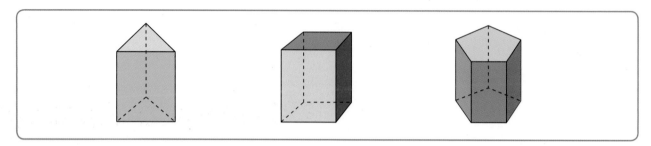

1 표를 완성하여 봅시다.

입체도형	삼각기둥	사각기둥	오각기둥
(한) 밑면의 변의 수			
면의 수			
꼭짓점의 수			
모서리의 수			

2 각기둥의 면의 수 사이의 규칙을 찾아봅시다.

① 삼각기둥의 면의 수는 3 + [2] 입니다.

② 사각기둥의 면의 수는 4 + [2] 입니다.

③ 오각기둥의 면의 수는 5 + [2] 입니다.

④ 각기둥의 면의 수 사이의 규칙은 [(한 밑면의 변의 수)] + [2] 입니다.

3 각기둥의 꼭짓점의 수 사이의 규칙과 모서리의 수 사이의 규칙을 각각 찾아봅시다.

4 위에서 찾은 규칙을 이용하여 십각기둥의 면, 꼭짓점, 모서리의 개수를 구하여 봅시다.

나의 실력은?

1 주어진 입체도형의 차이점과 공통점을 각각 2가지씩 쓰시오.

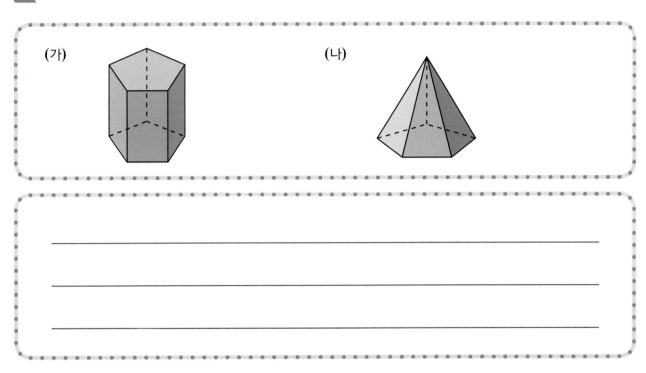

(가)

(나)

---

2 다음은 삼각기둥의 전개도가 아닙니다. 그 이유를 쓰시오.

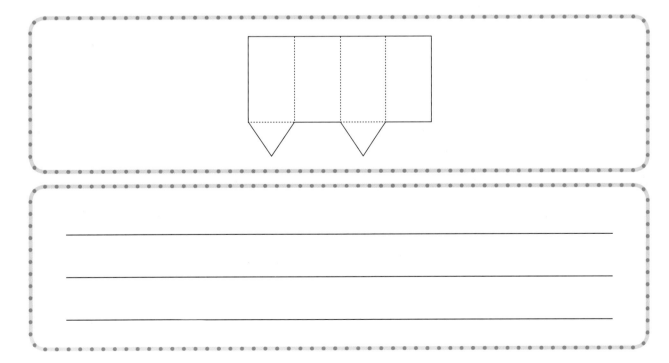

2. 분수의 나눗셈

개념 쏙쏙!

✏️ 엄마가 서영이의 생일잔치를 위해 피자 두 판을 주문하셨습니다. 한 사람에게 피자 한 판의 $\frac{1}{4}$만큼씩 나누어 준다면 몇 사람에게 나누어 줄 수 있습니까? 그림과 글을 이용하여 설명하고, 답을 구하시오.

1 피자를 몇 사람에게 나누어 줄 수 있는지를 구하는 식은 ☐ 입니다.

2 **1** 에서 세운 식을 그림으로 나타내어 봅시다.

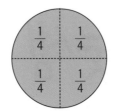 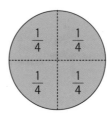

3 **2** 에서 그린 그림을 이용하여 계산하여 봅시다.

> **방법 1**   2에서 $\frac{1}{4}$을 ☐ 번 덜어낼 수 있습니다.
>
>   따라서 $2 \div \frac{1}{4} =$ ☐ 입니다.

> **방법 2** $1 \div \frac{1}{4}$ 은 $\boxed{4}$ 이고, $2 \div \frac{1}{4}$ 은 $1 \div \frac{1}{4}$ 의 $\boxed{2}$ 배입니다.
>
>   따라서 $2 \div \frac{1}{4} = \boxed{2} \times (1 \div \frac{1}{4}) = \boxed{2} \times \boxed{4} =$ ☐ 입니다.

4 따라서 ☐ 사람에게 나누어 줄 수 있습니다.

정리해 볼까요?

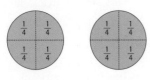

$2 \div \frac{1}{4}$ 의 계산 방법 설명하기

· 2에서 $\frac{1}{4}$을 8번 덜어낼 수 있으므로 $2 \div \frac{1}{4} = 8$입니다.

· $2 \div \frac{1}{4}$ 은 $1 \div \frac{1}{4}$ 의 2배이므로 $2 \times (1 \div \frac{1}{4}) = 2 \times 4 = 8$입니다.

· 따라서 8사람에게 나누어 줄 수 있습니다.

첫걸음 가볍게!

✏️ 준서는 색종이 4장을 각각 $\frac{1}{3}$씩 잘랐습니다. 준서는 색종이를 모두 몇 조각으로 잘랐습니까?

그림과 글을 이용하여 설명하고, 답을 구하시오.

1 색종이를 모두 몇 조각으로 잘랐는지를 구하는 식은 [ ] 입니다.

2 **1** 에서 세운 식을 그림으로 나타내어 봅시다.

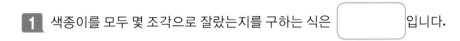

3 **2** 에서 그린 그림을 이용하여 계산하여 봅시다.

방법 1 4에서 $\frac{1}{3}$을 [ ] 번 덜어낼 수 있습니다.

따라서 $4 \div \frac{1}{3} =$ [ ] 입니다.

방법 2 $1 \div \frac{1}{3}$ 은 [ ] 이고, $4 \div \frac{1}{3}$ 은 $1 \div \frac{1}{3}$ 의 [ ] 배입니다.

따라서 [ ] $\times (1 \div \frac{1}{3}) =$ [ ] $\times$ [ ] $=$ [ ] 입니다.

4 준서가 색종이 4장을 각각 $\frac{1}{3}$씩 모두 몇 조각으로 잘랐는지 그림과 글을 이용하여 설명하여 봅시다.

색종이를 모두 몇 조각으로 잘랐는지를 구하는 식은 $4 \div \frac{1}{3}$입니다.

$4 \div \frac{1}{3}$ 을 그림으로 나타내면 [   ] 입니다.

$4 \div \frac{1}{3}$ 의 값은 4에서 $\frac{1}{3}$ 을 [ ] 번 덜어낼 수 있으므로 $4 \div \frac{1}{3} =$ [ ] 입니다.

(또는 $4 \div \frac{1}{3}$ 의 값은 $1 \div \frac{1}{3}$ 의 [ ] 배이므로 $4 \div \frac{1}{3} =$ [ ] $\times (1 \div \frac{1}{3}) =$ [ ] $\times$ [ ] $=$ [ ] 입니다.)

따라서 준서는 색종이를 모두 [ ] 조각으로 잘랐습니다.

한 걸음 두 걸음!

끈이 3m 있습니다. 리본 1개를 만드는 데 $\frac{1}{5}$m의 끈이 필요하다면 리본을 몇 개 만들 수 있습니까? 수직선과 글을 이용하여 설명하고, 답을 구하시오.

1 만들 수 있는 리본의 개수를 구하는 식은 _____

2 **1**에서 세운 식을 수직선으로 나타내어 봅시다.

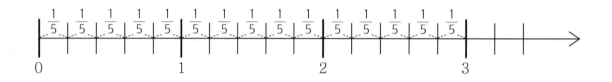

3 **2**에서 나타낸 수직선을 이용하여 계산하여 봅시다.

방법 1

방법 2

4 리본을 몇 개 만들 수 있는지 수직선과 글을 이용하여 설명하고, 답을 구하시오.

리본을 몇 개 만들 수 있는지를 구하는 식은 _____

수직선으로 나타내면

수직선을 이용하여 계산하면 _____

따라서 만들 수 있는 리본의 개수는 ☐ 개입니다.

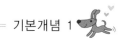

도전! 서술형!

✏️ 사과 주스가 5L 있습니다. 사과 주스를 병 하나에 $\frac{1}{2}$L만큼씩 담으려면 병이 몇 개 필요합니까? 그림과 글을 이용하여 설명하고, 답을 구하시오.

1 필요한 병의 개수를 구하는 식은 _____입니다.

2 그림으로 나타내어 봅시다.

3 **2**에서 그린 그림을 이용하여 계산하여 봅시다.

4 따라서 병이 _____ 개 필요합니다.

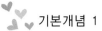 **실전! 서술형!**

상자 한 개를 포장하는 데 $\frac{1}{4}$m의 끈이 필요합니다. 끈 6m로 몇 개의 상자를 포장할 수 있습니까? 그림과 글을 이용하여 설명하고, 답을 구하시오.

'개념쏙쏙'과 '첫걸음 가볍게'의 내용을 참고해서 차근차근 설명해 봅시다.

2. 분수의 나눗셈(기본개념2)

개념 쏙쏙!

✏️ $\frac{6}{7} \div \frac{2}{7}$ 를 $6 \div 2$ 로 바꾸어 계산해도 되는 이유를 쓰시오.

1 $\frac{6}{7} \div \frac{2}{7}$ 를 그림으로 나타내어 봅시다.

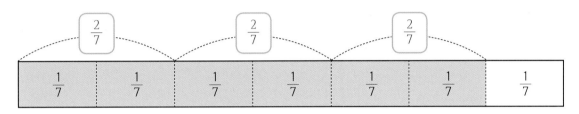

2 $\frac{6}{7} \div \frac{2}{7}$ 를 $6 \div 2$ 로 바꾸어 계산해도 되는지 알아봅시다.

방법 1 $\frac{6}{7}$ 에서 $\frac{2}{7}$ 를 똑같이 덜어내는 방법을 이용하여 알아보기

$\frac{6}{7}$ 에서 $\frac{2}{7}$ 를 ⟨ 3 ⟩ 번 덜어낼 수 있고, 6에서 2를 ⟨ 3 ⟩ 번 덜어낼 수 있습니다.

따라서 $\frac{6}{7} \div \frac{2}{7}$ 의 값은 ⟨ $6 \div 2$ ⟩ 의 값과 같습니다.

방법 2 $\frac{1}{7}$ 이 몇 개 인지를 이용하여 알아보기

$\frac{6}{7}$ 은 $\frac{1}{7}$ 이 ⟨ ⟩ 개이고, $\frac{2}{7}$ 는 $\frac{1}{7}$ 이 ⟨ ⟩ 개입니다.

따라서 $\frac{6}{7} \div \frac{2}{7}$ 의 값은 ⟨ ⟩ 의 값과 같습니다.

정리해 볼까요?

$\frac{6}{7} \div \frac{2}{7}$ 를 $6 \div 2$ 로 바꾸어 계산해도 되는 이유 설명하기

· $\frac{6}{7}$ 에서 $\frac{2}{7}$ 를 3번 덜어낼 수 있고, 6에서 2를 3번 덜어낼 수 있으므로 $\frac{6}{7} \div \frac{2}{7}$ 의 값은 $6 \div 2$ 의 값과 같습니다.

· $\frac{6}{7}$ 은 $\frac{1}{7}$ 이 6개이고, $\frac{2}{7}$ 는 $\frac{1}{7}$ 이 2개이므로 $\frac{6}{7} \div \frac{2}{7}$ 의 값은 $6 \div 2$ 의 값과 같습니다.

첫걸음 가볍게!

✏️ $\frac{12}{15} \div \frac{2}{15}$ 를 12÷2로 바꾸어 계산해도 되는 이유를 쓰시오.

1 $\frac{12}{15} \div \frac{2}{15}$ 를 그림으로 나타내어 봅시다.

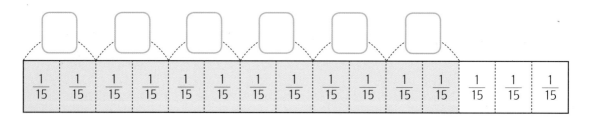

| $\frac{1}{15}$ | $\frac{1}{15}$ | $\frac{1}{15}$ | $\frac{1}{15}$ | $\frac{1}{15}$ | $\frac{1}{15}$ | $\frac{1}{15}$ | $\frac{1}{15}$ | $\frac{1}{15}$ | $\frac{1}{15}$ | $\frac{1}{15}$ | $\frac{1}{15}$ | $\frac{1}{15}$ | $\frac{1}{15}$ | $\frac{1}{15}$ |

2 $\frac{12}{15} \div \frac{2}{15}$ 를 12÷2로 바꾸어 계산해도 되는지 알아봅시다.

방법 1 $\frac{12}{15}$ 에서 $\frac{2}{15}$ 를 똑같이 덜어내는 방법을 이용하여 알아보기

$\frac{12}{15}$ 에서 ☐ 를 ☐ 번 덜어낼 수 있고, 12에서 ☐ 를 ☐ 번 덜어낼 수 있습니다.

따라서 $\frac{12}{15} \div \frac{2}{15}$ 의 값은 ☐ 의 값과 같습니다.

방법 2 $\frac{1}{15}$ 이 몇 개 인지를 이용하여 알아보기

$\frac{12}{15}$ 는 $\frac{1}{15}$ 이 ☐ 개이고, $\frac{2}{15}$ 는 $\frac{1}{15}$ 이 ☐ 개입니다.

따라서 $\frac{12}{15} \div \frac{2}{15}$ 의 값은 ☐ 의 값과 같습니다.

3 $\frac{12}{15} \div \frac{2}{15}$ 를 12÷2로 바꾸어 계산해도 되는 이유를 설명하여 봅시다.

$\frac{12}{15}$ 에서 $\frac{2}{15}$ 를 ☐ 번 덜어낼 수 있고, 12에서도 2를 ☐ 번 덜어낼 수 있으므로 $\frac{12}{15} \div \frac{2}{15}$ 의 값은

12÷2의 값과 같습니다.

(또는 $\frac{12}{15}$ 는 $\frac{1}{15}$ 이 ☐ 개이고, $\frac{2}{15}$ 는 $\frac{1}{15}$ 이 ☐ 개이므로 $\frac{12}{15} \div \frac{2}{15}$ 의 값은 12÷2의 값과 같습니다.)

한 걸음 두 걸음!

$\frac{12}{13} \div \frac{3}{26}$ 을 $24 \div 3$ 으로 바꾸어 계산해도 되는 이유를 쓰시오.

1 $\frac{12}{13} \div \frac{3}{26}$ 을 그림으로 나타내어 봅시다.

$\frac{3}{26}$ 씩 묶어서 알아봅시다.

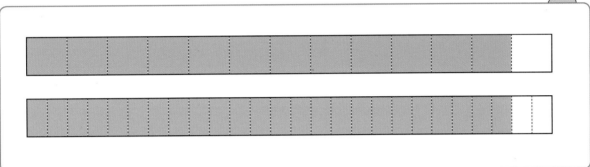

2 $\frac{12}{13} \div \frac{3}{26}$ 을 $24 \div 3$ 으로 바꾸어 계산해도 되는 이유를 설명하여 봅시다.

방법 1 $\frac{12}{13}$ 에서 $\frac{3}{26}$ 을 똑같이 덜어내는 방법을 이용하여 설명하기

_____

_____

_____

방법 2 $\frac{1}{26}$ 이 몇 개인지를 이용하여 설명하기

_____

_____

_____

도전! 서술형!

✏️ $2 \div \dfrac{2}{5}$ 를 $10 \div 2$ 로 바꾸어 계산해도 되는 이유를 쓰시오.

2를 $\dfrac{2}{5}$ 씩 묶어서 알아봅시다.

1 $2 \div \dfrac{2}{5}$ 를 그림으로 나타내어 봅시다.

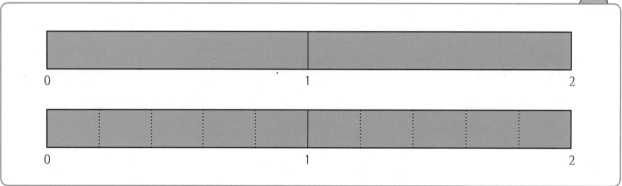

2 $2 \div \dfrac{2}{5}$ 를 $10 \div 2$ 로 바꾸어 계산해도 되는 이유를 설명하여 봅시다.

실전! 서술형!

$\dfrac{2}{3} \div \dfrac{2}{9}$ 를 $6 \div 2$로 바꾸어 계산해도 되는 이유를 쓰시오.

'개념 쏙쏙'과 '첫걸음 가볍게'의 내용을
참고해서 차근차근 설명해 봅시다.

개념 쏙쏙!

✏ 다음은 분수의 나눗셈을 잘못 계산한 것입니다. 계산이 잘못된 이유를 쓰고, 바르게 계산하시오.

$$4\frac{2}{5} \div 1\frac{2}{3} = 4\frac{2}{5} \times 1\frac{3}{2} = 4\frac{\overset{1}{\cancel{2}}}{5} \times 1\frac{3}{\underset{1}{\cancel{2}}} = 4\frac{3}{5}$$

1 계산이 잘못된 이유를 설명하여 봅시다.

대분수를 | 가분수 | 로 고치지 않고 계산했기 때문에 계산이 잘못되었습니다.

2 대분수의 나눗셈을 계산하는 방법을 알아봅시다.

① 먼저 대분수를 | 가분수 | 로 고칩니다. $4\frac{2}{5} \div 1\frac{2}{3} =$ □ $\div$ □ 입니다.

② $4\frac{2}{5} \div 1\frac{2}{3} = \boxed{\dfrac{22}{5}} \div \boxed{\dfrac{5}{3}} = \boxed{\dfrac{22}{5}} \times \boxed{\dfrac{3}{5}} = \boxed{\dfrac{66}{25}} = \boxed{2\dfrac{16}{25}}$

정리해 볼까요?

$4\frac{2}{5} \div 1\frac{2}{3}$ 의 계산 방법이 잘못된 이유를 설명하고 바르게 계산하기

· 대분수를 가분수로 고치지 않고 계산했기 때문에 계산이 잘못되었습니다.

· 바르게 계산하면 $4\frac{2}{5} \div 1\frac{2}{3} = \frac{22}{5} \div \frac{5}{3} = \frac{22}{5} \times \frac{3}{5} = 2\frac{16}{25}$ 입니다.

첫걸음 가볍게!

✏️ 다음은 분수의 나눗셈을 잘못 계산한 것입니다. 계산이 잘못된 이유를 쓰고, 바르게 계산하시오.

$$3\frac{1}{6} \div 2\frac{3}{8} = \frac{19}{6} \div \frac{19}{8} = \frac{\cancel{6}^{3}}{\cancel{19}_{1}} \times \frac{\cancel{19}^{1}}{\cancel{8}_{4}} = \frac{3}{4}$$

1 계산이 잘못된 이유를 설명하여 봅시다.

나누는 수 ☐ 의 분모와 분자를 바꾸어 곱해야 하는데, 나누어지는 수 ☐ 의 분모와 분자를 바꾸

어 계산했기 때문에 잘못되었습니다.

2 바르게 계산하여 봅시다.

$3\frac{1}{6} \div 2\frac{3}{8} =$ ☐ $\div$ ☐ $=$ ☐ $\times$ ☐ $=$ ☐ $=$ ☐

3 $3\frac{1}{6} \div 2\frac{3}{8}$ 의 계산이 잘못된 이유를 설명하고 바르게 계산하여 봅시다.

나누는 수 ☐ 의 분모와 분자를 바꾸어 곱해야 하는데, 나누어지는 수 ☐ 의 분모와 분자를 바꾸

어 곱하여 계산했기 때문에 잘못되었습니다.

바르게 계산하면 $3\frac{1}{6} \div 2\frac{3}{8} = \frac{19}{6} \div \frac{19}{8} =$ ☐ $\times$ ☐ $=$ ☐ $=$ ☐ 입니다.

한 걸음 두 걸음!

✏️ 다음은 분수의 나눗셈을 잘못 계산한 것입니다. 계산이 잘못된 이유를 쓰고, 바르게 계산하시오.

$$2\frac{1}{10} \div 1\frac{2}{5} = \frac{21}{10} \div \frac{7}{5} = 21 \div 7 = 3$$

1 계산이 잘못된 이유는 _____

_____

2 $2\frac{1}{10} \div 1\frac{2}{5}$ 를 바르게 계산하여 봅시다.

> 방법 1 $2\frac{1}{10} \div 1\frac{2}{5}$ 를 통분하여 자연수의 나눗셈으로 계산하기
>
> $2\frac{1}{10} \div 1\frac{2}{5} =$

> 방법 2 $2\frac{1}{10} \div 1\frac{2}{5}$ 를 통분하지 않고 분수의 곱셈으로 고쳐서 계산하기
>
> $2\frac{1}{10} \div 1\frac{2}{5} =$

3 $2\frac{1}{10} \div 1\frac{2}{5}$ 의 계산이 잘못된 이유를 설명하고 바르게 계산하여 봅시다.

계산이 잘못된 이유는 _____

_____

바르게 계산하면

$2\frac{1}{10} \div 1\frac{2}{5} =$ _____

도전! 서술형!

다음은 분수의 나눗셈을 잘못 계산한 것입니다. 계산이 잘못된 이유를 쓰고, 바르게 계산하시오.

$$3\frac{3}{7} \div \frac{6}{7} = \frac{24}{7} \div \frac{6}{7} = \frac{\overset{1}{\cancel{7}}}{\underset{4}{\cancel{24}}} \times \frac{\overset{1}{\cancel{6}}}{\underset{1}{\cancel{7}}} = \frac{1}{4}$$

1 계산이 잘못된 이유를 쓰시오.

2 바르게 계산하시오.

실전! 서술형!

✏️ 다음은 분수의 나눗셈을 잘못 계산한 것입니다. 계산이 잘못된 이유를 쓰고, 바르게 계산하시오.

$$5\frac{2}{3} \div \frac{8}{9} = 5\frac{\overset{1}{\cancel{2}}}{\cancel{3}_{1}} \times \frac{\overset{3}{\cancel{9}}}{\cancel{8}_{4}} = 5\frac{3}{4}$$

'개념 쏙쏙'과 '첫걸음 가볍게'의 내용을
참고해서 차근차근 설명해 봅시다.

2. 분수의 나눗셈(기본개념3)

✏️ 빵 한 개를 만드는 데 $\frac{1}{3}$ 컵의 밀가루가 필요합니다. 밀가루 6컵으로 빵을 만들어서 두 사람이 똑같이 나누어 먹으려고 합니다. 한 사람이 몇 개씩 먹을 수 있을지 구하고, 그 과정을 설명하시오.

1 구하려고 하는 것은 [한 사람이 먹을 수 있는 빵의 개수] 입니다.

2 어떤 방법으로 문제를 해결하면 좋을지 생각해 봅시다.

① 먼저 [밀가루 6컵으로 만들 수 있는 빵의 개수] 를 구합니다.

② [한 사람이 먹을 수 있는 빵의 개수] 를 구합니다.

3 문제를 해결해 봅시다.

① 밀가루 6컵으로 만들 수 있는 빵의 개수를 구하는 식은 $6 \div \frac{1}{3}$ 입니다.

② 계산하여 봅시다.

방법 1　$6 \div \frac{1}{3} = \boxed{} \times (1 \div \frac{1}{3}) = \boxed{} \times \boxed{} = \boxed{}$ 입니다.

방법 2　$6 \div \frac{1}{3} = 6 \times \boxed{} = \boxed{}$ 입니다.

방법 3　$6 \div \frac{1}{3} = \frac{\square}{3} \div \frac{1}{3} = \boxed{} \div \boxed{} = \boxed{}$ 입니다.

③ 밀가루 6컵으로 빵 $\boxed{}$ 개를 만들 수 있습니다.

④ 두 사람이 똑같이 나누어 먹으려면 한 사람이 $\boxed{}$ 개씩 먹을 수 있습니다.

정리해 볼까요?

한 사람이 먹을 수 있는 빵의 개수 구하기

· 먼저 밀가루 6컵으로 만들 수 있는 빵의 개수를 구하는 식은 $6 \div \frac{1}{3}$ 입니다.

· 계산하면 $6 \div \frac{1}{3} = 6 \times (1 \div \frac{1}{3}) = 6 \times 3 = 18$ (또는 $6 \div \frac{1}{3} = 6 \times 3 = 18$, $6 \div \frac{1}{3} = \frac{18}{3} \div \frac{1}{3} = 18 \div 1 = 18$입니다.)

· 밀가루 6컵으로 빵 18개를 만들 수 있습니다.

· 두 사람이 똑같이 나누어 먹으려면 한 사람이 9개씩 먹을 수 있습니다.

첫걸음 가볍게!

✎ 호떡 한 개를 만드는 데 $\frac{3}{8}$컵의 흑설탕이 필요합니다. 흑설탕 $5\frac{5}{8}$컵으로 호떡을 만들어서 5명에게 똑같이 나누어 주려고 합니다. 한 명에게 몇 개씩 나누어 줄 수 있을지 구하고, 그 과정을 설명하시오.

1 구하려고 하는 것은 [   ]입니다.

2 어떤 방법으로 문제를 해결하면 좋을지 생각해 봅시다.

① 먼저 [   ]를 구합니다.

② [   ]를 구합니다.

3 문제를 해결해 봅시다.

① 흑설탕 $5\frac{5}{8}$컵으로 만들 수 있는 호떡의 개수를 구하는 식은 [   ]입니다.

② 계산하여 봅시다.

[방법 1] $5\frac{5}{8} \div \frac{3}{8} = \frac{\square}{\square} \div \frac{\square}{\square} = \boxed{} \div \boxed{} = \boxed{}$입니다.

[방법 2] $5\frac{5}{8} \div \frac{3}{8} = \frac{\square}{\square} \div \frac{\square}{\square} = \frac{\square}{\square} \times \frac{\square}{\square} = \boxed{}$입니다.

③ 흑설탕 $5\frac{5}{8}$컵으로 호떡 [   ]개를 만들 수 있습니다.

④ 5명에게 똑같이 나누어 주어야 하므로 한 명에게 [   ]개씩 줄 수 있습니다.

4 한 명에게 나누어 줄 수 있는 호떡의 개수를 구하는 방법을 설명해 봅시다.

흑설탕 $5\frac{5}{8}$컵으로 만들 수 있는 호떡의 개수를 구하면 $5\frac{5}{8} \div \frac{3}{8} = \frac{\square}{\square} \div \frac{\square}{\square} = \frac{\square}{\square} \times \frac{\square}{\square} = \boxed{}$(개)입니다.

(또는 $5\frac{5}{8} \div \frac{3}{8} = \frac{\square}{\square} \div \frac{\square}{\square} = \boxed{} \div \boxed{} = \boxed{}$입니다.)

따라서 호떡 [   ]개를 5명에게 똑같이 나누어 주어야 하므로 한 명에게 [   ]개씩 줄 수 있습니다.

한 걸음 두 걸음!

초콜릿 한 개를 만드는 데 $\frac{2}{9}$ 컵의 코코아 가루가 필요합니다. 코코아 가루 $\frac{8}{9}$ 컵으로 초콜릿을 만들어서 4명에게 똑같이 나누어 주려고 합니다. 한 명에게 몇 개씩 나누어 줄 수 있을지 구하고, 그 과정을 설명하시오.

1 구하려고 하는 것은 _____입니다.

2 어떤 방법으로 문제를 해결하면 좋을지 생각해 봅시다.

① _____

② _____

3 문제를 해결해 봅시다.

_____

_____

_____

_____

_____

4 따라서 초콜릿을 한 명에게 [ ] 개씩 줄 수 있습니다.

도전! 서술형!

✏️ 도넛 한 개를 만드는 데 $\frac{2}{3}$ 컵의 밀가루가 필요합니다. 밀가루 4컵으로 도넛을 만들어서 3개의 상자에 똑같이 나누어 담으려고 합니다. 한 상자에 몇 개씩 담을 수 있을지 구하고, 그 과정을 설명하시오.

1 구하려고 하는 것은 _____입니다.

2 문제를 해결해 봅시다.

3 따라서 도넛을 한 상자에 ☐ 개씩 담을 수 있습니다.

실전! 서술형!

✏️ 호두파이 한 개를 만드는 데 $1\frac{2}{5}$ 컵의 호두가 필요합니다. 호두 $11\frac{1}{5}$ 컵으로 호두파이를 만들어서 4명이 똑같이 나누어 먹으려고 합니다. 한 명이 몇 개씩 먹을 수 있을지 구하고, 그 과정을 설명하시오.

'개념 쏙쏙'과 '첫걸음 가볍게'의 내용을 참고해서 차근차근 설명해 봅시다.

나의 실력은?

1 끈이 4m 있습니다. 상자 1개를 포장하는 데 $\frac{1}{3}$m의 끈이 필요하다면 상자를 몇 개 포장할 수 있습니까? 그림과 글을 이용하여 설명하고, 답을 구하시오.

2 $\frac{10}{11} \div \frac{2}{11}$ 를 $10 \div 2$로 바꾸어 계산해도 되는 이유를 쓰시오.

3 다음은 분수의 나눗셈을 잘못 계산한 것입니다. 계산이 잘못된 이유를 쓰고, 바르게 계산하시오.

$$2\frac{6}{7} \div \frac{3}{4} = 2\frac{\overset{2}{\cancel{6}}}{7} \times \frac{4}{\underset{1}{\cancel{3}}} = 2\frac{8}{7} = 3\frac{1}{7}$$

4 호떡 한 개를 만드는 데 $\frac{2}{3}$컵의 밀가루가 필요합니다. 밀가루 $5\frac{1}{3}$컵으로 호떡을 만들어서 4명이 똑같이 나누어 먹으려고 합니다. 한 명이 몇 개씩 먹을 수 있을지 구하고, 그 과정을 설명하시오.

3. 소수의 나눗셈

3. 소수의 나눗셈(기본개념1)

개념 쏙쏙!

✏️ 선물상자 한 개를 포장하는 데 0.8m의 리본 끈이 필요합니다. 2.4 m로 몇 개의 선물상자를 포장할 수 있을지 세 가지 방법으로 설명해 봅시다.

1 2.4에서 0.8을 몇 번까지 덜어 낼 수 있을지 알아봅시다.

$$2.4 - 0.8 - 0.8 - 0.8 = 0$$

남김없이 3번 덜어 낼 수 있습니다.

2 분수의 나눗셈식으로 알아봅시다.

$$2.4 \div 0.8 = \frac{24}{10} \div \frac{8}{10} = 24 \div 8 = 3$$

3 소수의 나눗셈식으로 알아봅시다.

$$0.8 \overline{)2.4} \quad \rightarrow \quad 0.8 \overline{)2.4} \quad \rightarrow \quad 0.8 \overline{)2.4} \atop \underline{2.4} \atop 0 \qquad \boxed{0.8 \overline{)2.4} \atop \underline{2.4} \atop 0}$$

정리해 볼까요?

2.4 ÷ 0.8 계산방법 알아보기

① 2.4 ÷ 0.8을 뺄셈식으로 나타내면 2.4 − 0.8 − 0.8 − 0.8 = 0이 됩니다.

② 분수의 나눗셈 식으로는 2.4 ÷ 0.8는 $\frac{24}{10} \div \frac{8}{10} = 24 \div 8 = 3$이 됩니다.

③ 소수의 나눗셈으로는 소수점을 각각 오른쪽으로 한 자리씩 옮겨서 계산하면 2.4 ÷ 0.8은 자연수의 나눗셈과 같이 24÷8로 바꾸어 계산하면 3이 됩니다.

첫걸음 가볍게!

✏️ 어미 담비의 몸무게는 2.52kg이고 새끼 담비의 몸무게는 0.28kg입니다. 어미 담비 몸무게는 새끼

담비 몸무게의 몇 배인지 세 가지 방법으로 설명해 봅시다.

1 2.52에서 0.28을 몇 번까지 덜어 낼 수 있을지 알아봅시다.

2.52 − ☐ − ☐ − ☐ − ☐ − ☐ − ☐ − ☐ − ☐ − ☐ = 0

남김없이 ☐ 번 덜어 낼 수 있습니다.

2 분수의 나눗셈식으로 알아봅시다.

2.52 ÷ 0.28 = ☐ ÷ ☐ = ☐ ÷ ☐ = ☐ 이 됩니다.

3 소수의 나눗셈식으로 알아봅시다.

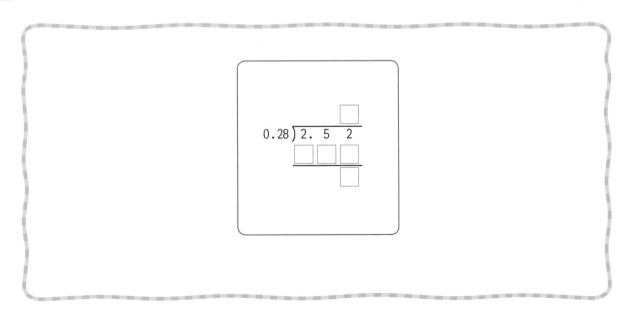

한 걸음 두 걸음!

✏️ 택배상자 하나를 포장하는 데 0.46m의 접착테이프가 필요합니다. 길이가 3.68m의 접착테이프가 있다면 몇 개의 택배상자를 포장할 수 있을지 세 가지 방법으로 설명해 봅시다.

1 3.68에서 0.46을 몇 번 덜어 낼 수 있을지 알아봅시다.

3.68 − _____ = 0

남김없이 _____ 덜어낼 수 있습니다.

2 분수의 나눗셈식으로 알아봅시다.

3.68 ÷ 0.46 = _____ 이 됩니다.

3 소수의 나눗셈식으로 알아봅시다.

$$0.46 \overline{)3.68}$$

도전! 서술형!

용량이 12기가인 **USB** 저장장치가 있습니다. 2.4기가 크기의 동영상 파일을 저장한다면 몇 개의 동영상 파일을 저장할 수 있을지 세 가지 방법으로 설명해 봅시다.

1 12에서 2.4를 몇 번 덜어 낼 수 있을지 알아봅시다.

2 분수의 나눗셈식으로 알아봅시다.

3 소수의 나눗셈식으로 알아봅시다.

실전! 서술형!

✎ 14L의 간장을 하루에 3.5L씩 덜어서 남김없이 사용하였다면 며칠간 사용했을지 세 가지 방법으로

설명해 봅시다.

3. 소수의 나눗셈(기본개념2)

개념 쏙쏙!

✏️ 다음 직사각형의 가로 길이를 구하고, 방법을 설명해 봅시다.

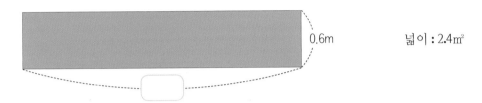

0.6m   넓이 : 2.4㎡

1 직사각형의 가로 길이를 구하는 방법을 알아봅시다.

> 직사각형 넓이 = 가로 길이 × 세로 길이입니다.
>
> 2.4 = [4] × 0.6으로 나타낼 수 있습니다.
>
> 나눗셈식으로 바꾸면 2.4 ÷ 0.6 = [4]로 나타낼 수 있습니다.

2 소수의 나눗셈식으로 알아봅시다.

$$
\begin{array}{r}
4 \\
0.6\overline{)2.4} \\
2.4 \\
\hline
0
\end{array}
$$

정리해 볼까요?

직사각형 가로 길이 구하기

① 직사각형의 넓이는 가로×세로이므로, 2.4 = [4] × 0.6으로 나타낼 수 있습니다.

   나눗셈식으로 바꾸면 2.4 ÷ 0.6 = [4]로 나타낼 수 있습니다.

② 2.4 ÷ 0.6을 소수의 나눗셈으로 계산하면 4입니다. 따라서 가로 길이는 4m입니다.

첫걸음 가볍게!

✏️ 다음 삼각형의 높이를 구하고, 방법을 설명해 봅시다.

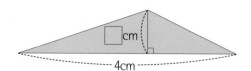

넓이 : 3.12㎠

1 삼각형의 높이를 구하는 방법을 알아봅시다.

삼각형의 넓이 = ☐ × ☐ ÷ 2입니다.

3.12 = 4 × ☐ ÷ 2로 나타낼 수 있습니다.

이를 3.12 × 2 ÷ ☐ = ☐로 나타낼 수 있습니다.

나눗셈식으로 바꾸면 6.24 ÷ 4 = ☐입니다.

2 소수의 나눗셈식으로 알아봅시다.

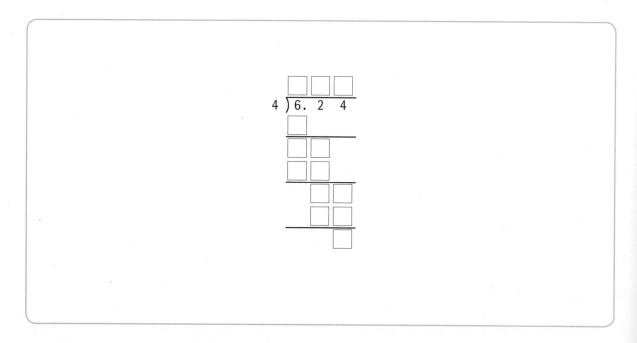

한 걸음 두 걸음!

✏️ 다음 사다리꼴의 아랫변의 길이를 구하고, 방법을 설명해 봅시다.

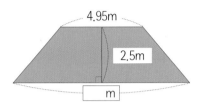

넓이 : 15.9㎡

1 사다리꼴의 아랫변 길이를 구하는 방법을 알아봅시다.

사다리꼴의 넓이는 _____이므로

_____로 나타낼 수 있습니다.

이를 나눗셈식으로 나타내면 _____ 입니다.

이 식을 정리하면 _____.

따라서 사다리꼴의 아랫변의 길이는 _____ 입니다.

2 소수의 나눗셈식으로 아랫변의 길이를 구해봅시다.

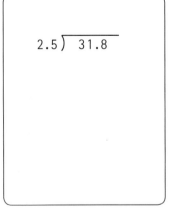

따라서 몫 _____에서 윗변의 길이 4.95를 빼면 아랫변의 길이 _____가 나옵니다.

도전! 서술형!

✏️ 다음 평행사변형의 높이를 구하고, 방법을 설명해 봅시다.

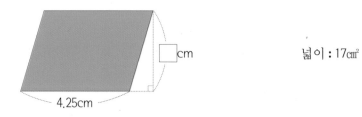

□cm

넓이 : 17㎠

4.25cm

1 평행사변형의 높이를 구하는 방법을 알아봅시다.

2 소수의 나눗셈식으로 알아봅시다.

실전! 서술형!

✏️ 다음 마름모의 한 대각선의 길이를 구하고, 방법을 설명해 봅시다.

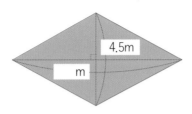

넓이 : 13.5㎡

3. 소수의 나눗셈(오류유형)

개념 쏙쏙!

✎ 다음 어림 방법이 틀린 이유를 찾고 바르게 어림하여 계산식으로 확인해 봅시다.

> 물 21.2L를 하루에 0.4L씩 마신다면 며칠 동안 먹을 수 있을까요?
>
> 식 : 21.2 ÷ 0.4
>
> 어림 방법 : 21 ÷ 4 = 5…1   답 : 5일

1 위 어림 방법이 틀린 이유를 찾아봅시다.

> 21.2를 21로 바꾼 것은 0.2를 버림한 것이고,
>
> 0.4를 4로 바꾼 것은 10을 곱하였기 때문에 틀렸습니다.

2 알맞은 방법으로 어림해 봅시다.

> 20 ÷ 0.4 = 200 ÷ 4 = 50

3 계산식으로 확인해 봅시다.

> 계산식으로 확인하면 21.2 ÷ 0.4 = 53입니다.

정리해 볼까요?

소수의 나눗셈 어림 방법 설명 및 계산식으로 확인하기

① 21.2를 21로 바꾼 것은 0.2를 버림한 것이고, 0.4를 4로 바꾼 것은 10을 곱하였기 때문에 틀렸습니다.

② 바르게 어림하면 20 ÷ 0.4 = 200 ÷ 4 = 50입니다.

식으로 확인하면 21.2 ÷ 0.4 = 53입니다. 따라서 5가 아닌 50이 알맞은 어림값입니다.

첫걸음 가볍게!

✏️ 다음 어림 방법이 틀린 이유를 찾고 바르게 어림하여 계산식으로 확인해 봅시다.

> 21.2km의 떨어진 곳까지 1분에 9.8km로 간다면 몇 분 걸릴지 예상해봅시다.
>
> 식 : 21.2 ÷ 9.8
>
> 어림 방법 : 210 ÷ 9 = 23　　　　　　　　　　　　　　　　답 : 23분

1 위 어림 방법이 틀린 이유를 찾아봅시다.

> 21.2를 210으로 바꾼 것은 [　]을 곱하여 [　]를 버림한 것이고 9.8을 9로 바꾼 것은
>
> [　]을 버림한 것이기 때문에 틀렸습니다.

2 알맞은 방법으로 어림해 봅시다.

> 21.2 ÷ [　] = 210 ÷ [　] = [　]

3 계산식으로 확인해 봅시다.(소수 둘째 자리까지)

> 계산식으로 확인하면 21.2 ÷ 9.8 = [　]입니다. 따라서 알맞은 어림값은 23이 아닌 [　]입니다.

한 걸음 두 걸음!

 다음 어림 방법이 틀린 이유를 찾고 바르게 어림하여 계산식으로 확인해 봅시다.

> 14.2m의 포장끈이 있습니다. 상자 하나에 0.7m를 사용한다면 모두 몇 개의 선물상자를 포장할 수 있을지 예상해봅시다.
>
> 식 : 14.2 ÷ 0.7
>
> 어림 방법 : 14 ÷ 7 = 2   답 : 2개

1 위 어림 방법이 틀린 이유를 찾아봅시다.

> 14.2를 14로 바꾼 것은 _____ 이고,
>
> 0.7을 7로 _____ 때문에 틀렸습니다.

2 알맞은 방법으로 어림해 봅시다.

3 계산식으로 확인해 봅시다.(소수 둘째 자리까지 반올림하여 계산)

> 계산식으로 확인하면 _____입니다.
>
> 따라서 알맞은 어림값은 _____입니다.

도전! 서술형!

✏️ 다음 어림 방법이 틀린 이유를 찾고 바르게 어림하여 계산식으로 확인해 봅시다.

32.4L의 프린터 잉크가 있습니다. 하루에 0.5L를 사용한다면 며칠 동안 사용할 수 있을지 예상해봅시다.

식 : 32.4 ÷ 0.5

어림 방법 : 30 ÷ 5 = 6   답 : 6일

---

1 위 어림 방법이 틀린 이유를 찾아봅시다.

2 알맞은 방법으로 어림해 봅시다.

3 계산식으로 확인해 봅시다.(소수 둘째 자리까지반올림하여 계산)

실전! 서술형!

✐ 다음 어림 방법이 틀린 이유를 찾고 바르게 어림하여 계산식으로 확인해 봅시다.(소수 둘째 자리까지 반올림하여 계산)

2.52t의 폐휴지가 있습니다. 한 번에 0.28t씩 옮긴다면 몇 번을 옮겨야 하는지 예상해 봅시다.

식 : 2.52 ÷ 0.28

어림 방법 : 2 ÷ 0.3 = 6   답 : 6번

1 장기자랑에 쓸 띠를 만들기 위해서는 1.42m의 색 끈이 필요합니다. 길이가 5.68m의 색 끈이 있다면 몇 개의 장기자랑 띠를 만들 수 있을지 세 가지 방법으로 설명해 봅시다.

2 다음 사다리꼴의 높이의 길이를 구하고, 방법을 설명해 봅시다.

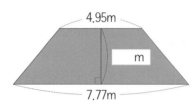

넓이 : 15.9㎡

3 다음 어림 방법이 틀린 이유를 찾고 바르게 어림하여 계산식으로 확인해 봅시다.

163.2t의 폐휴지가 있습니다. 한 번에 20.4t씩 옮긴다면 몇 번을 옮겨야 하는지 예상해 봅시다.

식 : 163.2 ÷ 20.4

어림 방법 : 1630 ÷ 20 = 81…10

답 : 81번

4. 비와 비율

4. 비와 비율(기본개념1)

개념 쏙쏙!

✏️ 주머니 속에 500원짜리 동전 3개, 100원짜리 동전 4개, 50원짜리 동전 2개, 10원짜리 동전 1개가 있습니다. 주머니에서 동전 하나를 꺼냈을 때 꺼낸 동전이 500원짜리가 아닐 가능성을 백분율로 나타내고 그 이유를 설명해 봅시다.

1 전체 동전 수와 500원짜리 동전 수를 알아봅시다.

> 전체 동전 수는 10개이고, 그중 500원짜리 동전의 수는 3개입니다.

2 500원짜리 동전의 비율을 알아봅시다.

> 비로 나타내면 3 : 10이고, 비율로는 $\frac{3}{10}$ = 0.3입니다.

3 500원짜리 동전일 가능성을 백분율로 알아봅시다.

> 백분율로는 $\frac{3}{10}$ × 100 = 30%입니다.
>
> 따라서 500원짜리 동전일 가능성은 30%입니다.

4 500원짜리 동전이 아닐 가능성을 백분율로 알아봅시다.

> 전체 동전의 백분율은 100%입니다.
>
> 그중 500원짜리 동전의 비율은 30%입니다.
>
> 따라서 500원짜리가 아닐 가능성은 100 − 30 = 70, 즉 70%입니다.

정리해 볼까요?

500원짜리 동전이 아닐 가능성 알아보기

① 전체 동전은 10개, 그중 500원짜리 동전은 3개입니다.

② 비로 나타내면 3 : 10, 비율로는 $\frac{3}{10}$ = 0.3입니다.

③ 500원짜리 동전의 수를 백분율로 나타내면 30%입니다. 따라서 500원짜리가 아닐 가능성은 70%입니다.

첫걸음 가볍게!

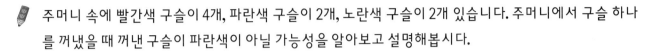

주머니 속에 빨간색 구슬이 4개, 파란색 구슬이 2개, 노란색 구슬이 2개 있습니다. 주머니에서 구슬 하나를 꺼냈을 때 꺼낸 구슬이 파란색이 아닐 가능성을 알아보고 설명해봅시다.

1 전체 구슬 수와 파란색 구슬 수를 알아봅시다.

전체 구슬은 ⬚ 개입니다. 그중 파란색 구슬은 ⬚ 개입니다.

2 파란색 구슬의 비율을 알아봅시다.

비로 나타내면 ⬚ : ⬚ , 비율로는 ⬚ = ⬚ 입니다.

3 파란색 구슬일 가능성을 백분율로 알아봅시다.

백분율로는 ⬚ × 100 = ⬚ %입니다.

따라서 파란색 구슬일 가능성은 ⬚ %입니다.

4 파란색 구슬이 아닐 가능성을 백분율로 알아봅시다.

전체 구슬의 백분율은 ⬚ %입니다.

그중 파란색 구슬의 비율은 ⬚ %입니다.

따라서 파란색 구슬이 아닐 가능성은 100 − ⬚ = ⬚ , 즉 ⬚ %입니다.

한 걸음 두 걸음!

어떤 방에 할머니가 8명, 할아버지가 4명, 아이가 4명이 있습니다. 문을 두드리면 나오는 한 사람이 할머니가 아닐 가능성은 몇 %인지 설명해 봅시다.

1 전체 사람 수와 할머니의 수를 알아봅시다.

2 할머니 수의 비율을 알아봅시다.

3 할머니일 가능성을 백분율로 알아봅시다.

4 할머니가 아닐 가능성을 백분율로 알아봅시다.

도전! 서술형!

✏️ 수련활동에 참석한 학생은 400명입니다. 그중 빨간색 옷을 입은 학생은 200명, 파란색 옷을 입은 학생은 100명, 노란색 옷을 입은 학생은 100명입니다. 한 학생이 나에게 다가왔을 때 가장 가능성이 높은 색은 어느 색인지 알아보고, 설명해 봅시다.

1 전체 학생 수에 대한 각각의 옷 색의 비율을 알아봅시다.

2 가장 가능성이 높은 옷의 색을 알아봅시다.

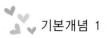

실전! 서술형!

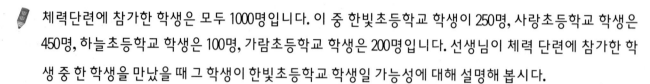

체력단련에 참가한 학생은 모두 1000명입니다. 이 중 한빛초등학교 학생이 250명, 사랑초등학교 학생은 450명, 하늘초등학교 학생은 100명, 가람초등학교 학생은 200명입니다. 선생님이 체력 단련에 참가한 학생 중 한 학생을 만났을 때 그 학생이 한빛초등학교 학생일 가능성에 대해 설명해 봅시다.

4. 비와 비율(기본개념2)

개념 쏙쏙!

✏️ 진하기가 12%인 소금물 500g과 진하기가 15%인 소금물 360g이 있습니다. 소금이 더 많이 녹아 있는 소금물은 어느 쪽인지 찾고 설명해 봅시다.

1 진하기가 12%인 소금물의 소금 양을 알아봅시다.

> $500 \times 0.12 = 60$입니다. 따라서 소금이 60g 녹아 있습니다.

2 진하기가 15%인 소금물의 소금 양을 알아봅시다.

> $360 \times 0.15 = 54$입니다. 따라서 소금이 54g 녹아 있습니다.

3 두 소금물의 소금 양을 비교해봅시다.

> 12%의 소금물에는 소금 60g이 있고, 15%의 소금물에는 소금 54g이 있습니다. 따라서 12%의 소금물에 더 많은 소금이 있습니다.

정리해 볼까요?

소금(용질)의 양 비교하기

① 12%의 소금물에서 소금을 구하는 방법은 $500 \times 0.12 = 60$입니다. 따라서 60g 녹아 있습니다.

② 15%의 소금물에서 소금을 구하는 방법은 $360 \times 0.15 = 54$입니다. 따라서 54g 녹아 있습니다.

③ 12%의 소금물에는 소금 60g이 있고, 15%의 소금물에는 소금 54g이 있습니다. 따라서 12%의 소금물이 더 많은 소금이 있습니다.

첫걸음 가볍게!

✏️ 진하기가 18%인 소금물 5kg과 진하기가 20%인 소금물 1kg이 있습니다. 더 많은 양의 소금이 있는 쪽은 어느 쪽인지 찾고 설명해 봅시다.

1 진하기가 18%인 소금물의 소금 양을 알아봅시다.

5 × ⬜ = ⬜ 입니다. 따라서 ⬜ kg의 소금이 녹아 있습니다.

2 진하기가 20%인 소금물의 소금 양을 알아봅시다.

1 × ⬜ = ⬜ 입니다. 따라서 ⬜ kg의 소금이 녹아 있습니다.

3 두 소금물의 소금 양을 비교해봅시다.

18%의 소금물에는 소금 ⬜ kg이 있고, 20%의 소금물에는 소금 ⬜ kg이 있습니다.

따라서 ⬜ kg의 소금물이 더 많은 소금이 있습니다.

한 걸음 두 걸음!

✏️ 진하기가 25%인 소금물 300g과 진하기가 15%인 소금물 500g이 있습니다. 더 많은 양의 소금이 있는 쪽은 어느 쪽인지 찾고 설명해 봅시다.

1 진하기가 25%인 소금물의 소금 양을 알아봅시다.

_____입니다.

따라서 _____.

2 진하기가 15%인 소금물의 소금 양을 알아봅시다.

_____입니다.

따라서 _____.

3 두 소금물의 소금 양을 비교해봅시다.

25%의 소금물에는 _____ 녹아 있고,

15%의 소금물에는 _____ 녹아 있습니다.

따라서 _____.

도전! 서술형!

✏️ 진하기가 30%인 소금물 4kg과 진하기가 20%인 소금물 5kg이 있습니다. 더 많은 양의 소금이 있는 쪽은 어느 쪽인지 찾고 설명해 봅시다.

1 진하기가 30%인 소금물의 소금 양을 알아봅시다.

2 진하기가 20%인 소금물의 소금 양을 알아봅시다.

3 두 소금물의 소금 양을 비교해봅시다.

실전! 서술형!

 진하기가 15%인 소금물 400g과 진하기가 20%인 소금물 360g이 있습니다. 소금이 더 많이 녹아 있는 소금물은 어느 쪽인지 찾고 설명해 봅시다.

4. 비와 비율(기본개념3)

개념 쏙쏙!

✏️ 가로의 길이가 40cm인 사진을 75%로 축소하면 축소한 사진의 가로의 길이는 얼마가 되는지 알아보고 설명해 봅시다.

1 기준량과 비교하는 양을 찾아봅시다.

> 기준량은 40cm이고 비교하는 양은 축소한 사진의 가로 길이입니다.
>
> 따라서 구하고자 하는 것은 비교하는 양입니다.

2 알맞은 방법으로 어림해봅시다.

> 75%를 비율로 나타내면 0.75 또는 $\dfrac{75}{100}$ 또는 $\dfrac{3}{4}$입니다.

3 계산식으로 확인해 봅시다.

> 비율 = $\dfrac{\text{비교하는 양}}{\text{기준양}}$ 이므로 (비교하는 양)을 구하는 식은 (기준량)×(비율)입니다.
>
> 따라서 식을 세워보면 $40 \times \dfrac{3}{4} = 30$, 즉 30cm입니다.

정리해 볼까요?

비율과 기준량으로 비교하는 양 구하기

① 기준량은 40cm이고 구하고자 하는 것은 비교하는 양입니다.

② 75%를 간단한 분수의 비율로 나타내면 $\dfrac{3}{4}$입니다.

③ (비교하는 양)을 구할 때는 (기준량)×(비율)으로 식을 세워 구할 수 있습니다. 따라서 $40 \times \dfrac{3}{4} = 30$, 즉 30cm입니다.

첫걸음 가볍게!

✏️ 가로의 길이가 8cm인 사진의 각 변의 길이를 180%로 확대하려고 합니다. 확대한 사진의 가로의 길이는 몇 cm인지 구하고 설명해 봅시다.

1 기준량과 비교하는 양을 찾아봅시다.

기준량은 ☐ 이고 비교하는 양은 ☐ 입니다.

따라서 구하고자 하는 것은 비교하는 양입니다.

2 백분율을 간단한 비율로 나타내 봅시다.

☐ %를 비율로 나타내면 ☐ 또는 ☐ 또는 ☐ 입니다.

3 식을 세워 비교하는 양을 구해봅시다.

(비교하는 양)을 구하는 식은 (기준량) × ☐ 입니다.

따라서 식을 세워보면 ☐ × ☐ = ☐

따라서 확대한 사진의 가로 길이는 ☐ cm입니다.

한 걸음 두 걸음!

✏️ 행복마트는 물건 값의 5%만큼 적립을 해줍니다. 5500원어치 물건을 샀다면 얼마를 적립받게 되는지 구하고 설명해 봅시다.

1 기준량과 비교하는 양을 찾아봅시다.

기준량은 _____입니다.

따라서 _____입니다.

2 백분율을 간단한 비율로 나타내 봅시다.

5%를 _____입니다.

3 식을 세워 비교하는 양을 구해봅시다.

(비교하는 양)을 구하는 식은 _____입니다.

따라서 _____입니다.

✏️ 대한문구사는 물건 값의 10%만큼 적립을 해줍니다. 공책을 2000원어치 샀다면 얼마를 적립받게 되는지 구하고 설명해 봅시다.

1 기준량과 비교하는 양을 찾아봅시다.

2 백분율을 간단한 비율로 나타내 봅시다.

3 식을 세워 비교하는 양을 구해봅시다.

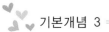

실전! 서술형!

 어느 가게에서 물건을 6000원어치를 샀는데 900원을 할인받았습니다. 이 가게에서 같은 할인율로 8000원 어치 물건을 사면 얼마를 할인받는지 구하고 설명해 봅시다.

Jumping Up! 창의성!

✏️ 미술 그리고 건축에 활용되는 황금비를 알아봅시다.

황금비가 무엇인지 아세요?

옛날부터 전해오는 사람들 눈에 가장 아름답고, 안정감 있는 비를 보고 '황금비(golden ratio)'라고 불렀답니다.

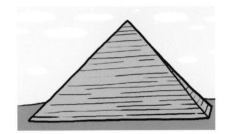

그 비는 약 1 : 1.168 정도라고 합니다. 황금비가 널리 사용되었는데 대표적인 예로 고대 피라미드의 밑변과 높이를 예로 들 수 있어요. 좀 더 살펴보면 긴 부분과 짧은 부분의 길이의 비가 전체와 긴 부분의 길이의 비와 같아지는 것을 말해요.

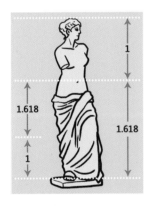

이러한 황금비를 처음 발견한 사람은 기원전 4세기 그리스 수학자 에우독소스이고, 후에 레오나르도 다빈치가 '황금비(golden ratio)'라고 이름을 붙였다고 해요. 피라미드 이외에도 황금비가 사용된 다른 예는 건축물에는 파르테논 신전 등이 있고, 미술작품에는 밀로의 비너스상, 몬드리안의 화면분할 등이 있어요.

또한 자연에서도 황금비를 찾을 수 있는데 꽃잎 수의 경우 3, 5, 8이 가장 많아요.

3과 5를 비로 나타내면 3 : 5이고 이를 비율로 나타내면 1 : 1.6이 돼요.

이러한 황금비를 요즘 펩시콜라의 태극마크, 트위터의 마크, 명함이나 엽서, 신용카드에서 찾을 수 있답니다.

1 운동회에 참석한 학생은 500명입니다. 그중 위에 반팔 체육복을 입은 학생은 150명, 긴팔 체육복을 입은 학생은 100명, 학급 반티를 입은 학생이 250명입니다. 한 학생이 무대로 나왔을 때 반티를 입은 학생이 아닐 가능성은 얼마인지 구하고 설명해 봅시다.

2 진하기가 25%인 소금물 3㎏과 진하기가 18%인 소금물 5㎏이 있습니다. 더 많은 양의 소금이 있는 쪽은 어느 쪽인지 찾고 설명해 봅시다.

3 세로에 대한 가로의 비율이 0.8인 직사각형이 있습니다. 이 직사각형의 세로가 20㎝일 때 직사각형의 넓이는 몇 ㎝인지 구하고 설명해 봅시다.

5. 원의 넓이

5. 원의 넓이 (기본개념 1)

✏️ 다음을 보고 원주율의 의미를 설명하시오.

지름이 1m인 나무를 한 바퀴 두르기 위해서는 끈이 이만큼 필요하구나~

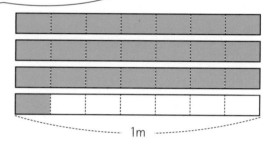

1m

1 지름을 설명해 봅시다.

> 원 위의 두 점을 이은 선분이 원의 중심을 지날 때, 이 선분을 원의 지름이라고 합니다.

2 원주를 설명해 봅시다.

> 원의 둘레를 원둘레 또는 원주라고 합니다.

3 지름과 원주의 관계를 통해 원주율의 의미를 설명해 봅시다.

> 지름에 대한 원주의 비의 값을 원주율이라고 합니다. 즉 원주 $\div$ 지름 $= 3\frac{1}{7}$ 로 원주를 지름으로 나타내려면 지름의 3과 $\frac{1}{7}$ 이 필요합니다.

정리해 볼까요?

원주율의 의미 설명하기

이 나무의 둘레(원주)를 지름으로 표현해보면 나무의 둘레(원주)는 나무의 지름을 3과 $\frac{1}{7}$ 만큼 연결한 것과 같습니다.

첫걸음 가볍게!

✏️ 다음을 보고 원주율의 의미를 설명하시오.

지름이 15cm인 병의 둘레를 꾸미기 위해서는 끈이 46.5cm만큼 필요하구나~

1 지름과 원주를 설명해 봅시다.

원 위의 두 점을 이은 선분이 원의 중심을 지날 때, 이 선분을 원의 [ ]이라고 하고,

원의 둘레를 [ ] 또는 [ ]라고 합니다.

2 지름과 원주의 관계를 통해 원주율의 의미를 설명해 봅시다.

지름에 대한 원주의 비의 값을 [ ]이라고 합니다. 원주÷지름=46.5÷15= [ ]이고, 원주를 나타내기

위해서 지름을 [ ]개 연결한 것과 같습니다.

한 걸음 두 걸음!

✏️ 다음을 보고 원주와 지름 사이의 관계를 설명하시오.

	지름	원주	원주율
A 자전거 바퀴	27	83.7	3.1
B 자전거 바퀴	25	77.5	3.1
C 자전거 바퀴	23	71.3	3.1

1 지름과 원주의 관계를 설명해 봅시다.

_____을 원주율이라고 합니다.

즉 원주÷지름= [ ]로 원주를 나타내기 위해서 _____개 연결한 것과 같습니다.

2 원주율의 성질을 설명해 봅시다.

원의 크기와 관계없이 지름에 대한 원주의 비는 _____ 합니다.

도전! 서술형!

다음을 보고 원주율의 의미를 설명하시오.

지름이 10cm인 도자기의 둘레를 재었더니 길이가 31.4cm구나~

1 지름과 원주를 설명해 봅시다.

_____

_____

_____

2 지름과 원주의 관계를 통해 원주율의 의미를 설명해 봅시다.

_____

_____

_____

실전! 서술형!

지름이 120cm인 훌라후프의 원주를 재어보니 372cm가 나왔습니다. 이 훌라후프의 원주와 지름을 보고 원주율의 의미를 설명하시오.

5. 원의 넓이 (오류유형)

개념 쏙쏙!

민주는 둘레가 60cm인 접시의 반지름을 구하고 있습니다. 다음을 보고 민주가 잘못한 점을 설명하고 바르게 계산하시오. (원주율 : 3)

원주율은 원주를 지름으로 나눈 것이니까…

60 ÷ 3 = 20이므로 반지름은 20cm입니다.

1 잘못된 점을 찾아 설명해 봅시다.

> 원주 ÷ 원주율 = 지름인데 지름을 그대로 반지름으로 나타내었습니다.

2 반지름을 구하는 방법을 설명해 봅시다.

> 원주 ÷ 원주율 = 지름에서 지름은 원주 ÷ 원주율이므로 60 ÷ 3 = ☐ 입니다.
>
> 따라서 반지름은 20 ÷ 2 = ☐ 입니다.

정리해 볼까요?

반지름을 구하는 방법 설명하기

원주율은 원주 ÷ 지름으로 구할 수 있습니다. 따라서 ☐ 은 원주 ÷ 원주율이고 반지름은 지름을 반으로

나눈 것입니다. 지름은 60 ÷ 3 = ☐ 이고 반지름은 20 ÷ 2 = ☐ 입니다.

첫걸음 가볍게!

현아는 지름이 120cm인 훌라후프의 원주를 구하고 있습니다. 다음을 보고 현아가 잘못한 점을 설명하고 바르게 계산하시오.(원주율:3)

원주 ÷ 지름 = 원주율이므로

원주 = 지름 ÷ 원주율을 하면

훌라후프의 원주는 120 ÷ 3 = 40cm입니다.

1 잘못된 점을 찾아 설명해 봅시다.

원주 ÷ 지름 = 원주율에서 원주 = ☐ × ☐ 로 계산해야 하는데 지름 ÷ 원주율로 계산했습니다.

2 원주를 구하는 방법을 설명해 봅시다.

원주 = ☐ × ☐ 로 계산해야 하므로 훌라후프의 둘레는 ☐ × ☐ = ☐ (cm)입니다.

3 잘못된 점을 설명하고 바르게 계산해 봅시다.

원주 ÷ 지름 = 원주율에서 원주 = ☐ × ☐ 로 계산해야 하는데 지름 ÷ 원주율로 계산했습니다.

따라서 원주 = ☐ × ☐ 이므로 훌라후프의 원주는 ☐ × ☐ = ☐ (cm)입니다.

경미는 둘레가 154m인 원 모양인 수영장의 지름을 구하고 있습니다. 다음을 보고 경미가 잘못한 점을 설명하고 바르게 계산하시오.(원주율: $3\frac{1}{7}$)

원주 ÷ 지름 = 원주율이므로

지름 = 원주 × 원주율을 하면

수영장의 지름은 $154 \times 3\frac{1}{7} = 484$(m)입니다.

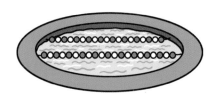

1 잘못된 점을 찾아 설명해 봅시다.

원주 ÷ 지름 = 원주율에서 _____로 계산해야 하는데 원주 × 원주율로 계산했습니다.

2 원주를 구하는 방법을 설명해 봅시다.

_____ 로 계산해야 하므로 수영장의 지름은 ☐ ÷ ☐

$= 154 \div \frac{22}{7} = 154 \times \frac{7}{22} = $ ☐ (m)입니다.

3 잘못된 점을 설명하고 바르게 계산해 봅시다.

원주 ÷ 지름 = 원주율에서 _____ 로 계산해야 하는데 지름을 원주 × 원주율로

계산했습니다. 따라서 _____ 이므로 수영장의 지름은 _____

_____(m)입니다.

도전! 서술형!

민우는 반지름이 45cm인 굴렁쇠를 4바퀴 굴렸습니다. 다음을 보고 민우가 굴렁쇠가 굴러간 거리를 구할 때 잘못한 점을 설명하고 바르게 계산하시오.(원주율: 3.1)

원주 ÷ 지름 = 원주율이므로

원주 = 지름 × 원주율을 하면

굴렁쇠의 원주는 45 × 3.1 = 139.5(cm)입니다.

따라서 굴렁쇠가 굴러간 거리는

139.5 × 4 = 558(cm)입니다.

1 잘못된 점을 찾아 설명해 봅시다.

_____

_____

_____

2 굴렁쇠가 굴러간 거리를 구하는 방법을 설명해 봅시다.

_____

_____

_____

실전! 서술형!

다음은 원주가 69.08cm인 원의 지름을 구하는 과정을 나타낸 것입니다. 잘못한 점을 설명하고 바르게 계산하시오.(원주율: 3.14)

원주 ÷ 지름 = 원주율이므로

지름 = 원주 × 원주율을 하면

원의 지름은 69.08 × 3.14

= 216.9112(cm)입니다.

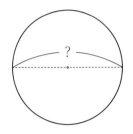

개념 쏙쏙!

✏️ 다음 도형에서 빨간색으로 색칠한 부분의 넓이를 구하는 방법을 설명하고 답을 쓰시오. (원주율 : 3)

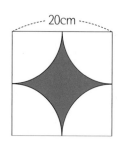

1 색칠한 부분을 쉽게 구할 수 있는 방법을 설명해 봅시다.

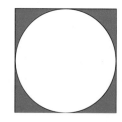

원래 도형을 잘라서 옮기면 정사각형에서 원을 뺀 부분이 색칠한 부분입니다.

2 색칠한 부분을 넓이를 구해 봅시다.

색칠한 부분의 넓이는 정사각형의 넓이에서 원의 넓이를 뺀 부분입니다. $20 \times 20 - 10 \times 10 \times 3$

$= 400 - 300 = 100(\text{cm}^2)$입니다.

정리해 볼까요?

색칠한 부분의 넓이 구하기

색칠한 부분을 옮겨 넓이를 구할 수 있는 모양인 정사각형과 원을 만듭니다. 색칠한 부분은 정사각형의 넓이에서 원의 넓이를 뺀 것이므로 $20 \times 20 - 10 \times 10 \times 3 = 400 - 300 = 100(\text{cm}^2)$입니다.

첫걸음 가볍게!

✏️ 다음은 한 변이 20cm인 정사각형 안에 원을 이용하여 그린 그림입니다. 초록색으로 색칠한 부분의 넓이를 구하는 방법을 설명하고 답을 쓰시오.(원주율 : 3)

1 색칠한 부분을 쉽게 구할 수 있는 방법을 설명해 봅시다.

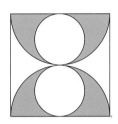

원래 도형을 잘라서 옮기면 ⬜⬜⬜ 에서 ⬜⬜⬜ 두 개를 뺀 모양이 됩니다.

2 색칠한 부분의 넓이를 구해 봅시다.

색칠한 부분의 넓이는 ⬜⬜⬜ 의 넓이에서 ⬜⬜⬜ 두 개의 넓이를 빼고 남은 부분과

같습니다. ⬜⬜⬜ − ⬜⬜⬜ × 2 = ⬜⬜⬜ − ⬜⬜⬜ = ⬜⬜⬜ (cm²)입니다.

3 초록색으로 색칠한 부분의 넓이를 구하는 방법을 설명하고 답을 쓰시오.

색칠한 부분의 넓이는 ⬜⬜⬜ 의 넓이 − ⬜⬜⬜ × 2 이므로

_____ (cm²)입니다.

다음은 한 칸이 2cm인 모눈종이에 그린 그림입니다. 노란색으로 색칠한 부분의 넓이를 구하는 방법을
설명하고 답을 쓰시오.(원주율 : 3)

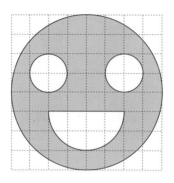

1 색칠한 부분을 쉽게 구할 수 있는 방법을 설명해 봅시다.

노란색으로 색칠한 부분은 _____에서 _____ 두 개와

_____의 반을 빼면 됩니다.

2 색칠한 부분을 넓이를 구해 봅시다.

색칠한 부분의 넓이는 _____ − (_____ × 2 + _____ ÷ 2)

= _____(cm²)입니다.

3 노란색으로 색칠한 부분의 넓이를 구하는 방법을 설명하고 답을 쓰시오.

색칠한 부분의 넓이는 _____ − (_____ × 2 _____ ÷ 2)

이므로 _____ − (_____ × 2 + _____ ÷ 2) = _____(cm²)입니다.

도전! 서술형!

✎ 다음은 반지름이 10cm인 원을 이용한 그림입니다. 노란색으로 색칠한 부분의 넓이를 구하는 방법을 설명하고 답을 쓰시오. (원주율 : 3.1)

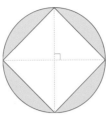

1 색칠한 부분을 쉽게 구할 수 있는 방법을 설명해 봅시다.

_____

_____

2 색칠한 부분의 넓이를 구해 봅시다.

_____

_____

실전! 서술형!

✎ 작은 원의 지름이 5cm입니다. 파란색으로 색칠한 부분의 넓이를 구하는 방법을 설명하고 답을 쓰시오.
(원주율 : 3.1)

✏️ 60cm인 끈 세 개를 모두 사용하여 정삼각형, 정사각형, 원을 각각 하나씩 만들었습니다. 이때 넓이가 가장 넓은 도형은 무엇인지 찾으시오.

만든 도형	한 변의 길이 또는 원주	도형의 넓이 구하는 방법	넓이
(정삼각형)	20	(정삼각형의 높이: 17) 밑변 × 높이 ÷ 2 = 20 × 17 ÷ 2	
(정사각형)			
(원)		(원주율: 3)	

둘레가 같을 때 넓이가 가장 넓은 도형은 ＿＿＿＿＿＿＿＿＿＿ 입니다.

1 다음을 보고 원주율의 의미와 원주와 지름 사이의 관계를 설명하시오.

원주	지름	원주율
$31\frac{2}{5}$	10	$3\frac{7}{50}$
$47\frac{1}{4}$	15	$3\frac{7}{50}$
$62\frac{4}{5}$	20	$3\frac{7}{50}$

2 다음은 지름이 50cm인 굴렁쇠의 원주를 구하는 과정을 나타낸 것입니다. 잘못된 점을 설명하고 바르게 계산하

시오. (원주율: $3\frac{1}{7}$)

원주 ÷ 지름 = 원주율이므로

원주 = 지름 ÷ 원주율을 하면

굴렁쇠의 원주는 $50 \div 3\frac{1}{7} = 50 \div \frac{22}{7}$

$= 50 \times \frac{7}{22} = \frac{350}{22} = 15\frac{20}{22} = 15\frac{10}{11}$ (cm)입니다.

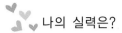

3 다음은 운동장을 그린 그림입니다. 운동장의 넓이를 구하는 방법을 설명하고 답을 쓰시오. (원주율 : 3.1)

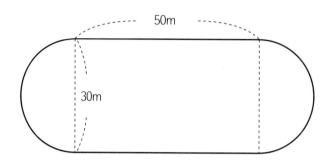

6. 직육면체의 겉넓이와 부피

 **개념 쏙쏙!**

✏ 다음 직육면체의 겉넓이를 여러 가지 방법으로 구하시오.

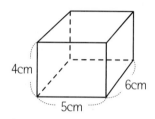

1 각 면의 넓이를 모두 더하여 직육면체의 겉넓이를 구해 봅시다.

> $6×5 + 5×4 + 6×4 + 6×5 + 5×4 + 6×4 = 148(\text{cm}^2)$입니다.

2 합동인 면을 이용하여 직육면체의 겉넓이를 구해 봅시다.

> $(6×5 + 5×4 + 6×4) × 2 = 148(\text{cm}^2)$입니다.

3 직육면체의 전개도를 이용하여 직육면체의 겉넓이를 구해 봅시다.

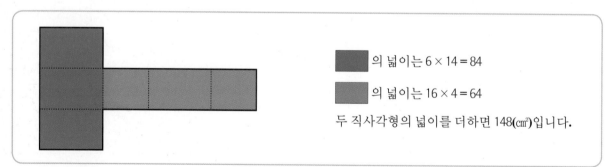

의 넓이는 $6 × 14 = 84$

의 넓이는 $16 × 4 = 64$

두 직사각형의 넓이를 더하면 $148(\text{cm}^2)$입니다.

정리해 볼까요?

직육면체의 겉넓이 구하는 방법 알아보기

① 직육면체 각 면의 넓이를 모두 더하면 $6×5 + 5×4 + 6×4 + 6×5 + 5×4 + 6×4 = 148(\text{cm}^2)$입니다.

② 합동인 세 면의 합에 2를 곱하면 $(6×5 + 5×4 + 6×4) × 2 = 148(\text{cm}^2)$입니다.

③ 직육면체의 전개도를 두 개의 직사각형으로 나누어 넓이를 구하면 $6 × 14 + 16 × 4 = 148(\text{cm}^2)$입니다.

첫걸음 가볍게!

✏️ 다음 정육면체의 겉넓이를 여러 가지 방법으로 구하시오.

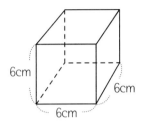

6cm
6cm
6cm

1 각 면의 넓이를 모두 더하여 정육면체의 겉넓이를 구해 봅시다.

$\boxed{}$ + $\boxed{}$ + $\boxed{}$ + $\boxed{}$ + $\boxed{}$ + $\boxed{}$ = $\boxed{}$ (㎠)입니다.

2 합동인 면을 이용하여 정육면체의 겉넓이를 구해 봅시다.

($\boxed{}$) × $\boxed{}$ = $\boxed{}$ (㎠)입니다.

3 정육면체의 전개도를 이용하여 정육면체의 겉넓이를 구해 봅시다.

⬛ 의 넓이는 $\boxed{}$ = $\boxed{}$

⬛ 의 넓이는 $\boxed{}$ = $\boxed{}$

두 직사각형의 넓이를 더하면 $\boxed{}$ (㎠)입니다.

4 여러 가지 방법으로 정육면체의 겉넓이를 구해 봅시다.

① 정육면체 각 면의 넓이를 구하여 더하면 $\boxed{}$ + $\boxed{}$ + $\boxed{}$ + $\boxed{}$ + $\boxed{}$ +

$\boxed{}$ = $\boxed{}$ (㎠)입니다.

② 합동인 면을 이용하여 한 면에 6을 곱하면 ($\boxed{}$) × $\boxed{}$ = $\boxed{}$ (㎠)입니다.

③ 정육면체의 전개도를 두 부분으로 나누어 넓이를 구하면 $\boxed{}$ + $\boxed{}$ = $\boxed{}$ (㎠)

입니다.

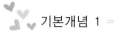

한 걸음 두 걸음!

✏️ 다음 직육면체의 겉넓이를 여러 가지 방법으로 구하시오.

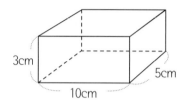

1 각 면의 넓이를 모두 더하여 직육면체의 겉넓이를 구해 봅시다.

_____ (㎠)입니다.

2 합동인 면을 이용하여 직육면체의 겉넓이를 구해 봅시다.

_____ (㎠)입니다.

3 직육면체의 전개도를 이용하여 직육면체의 겉넓이를 구해 봅시다.

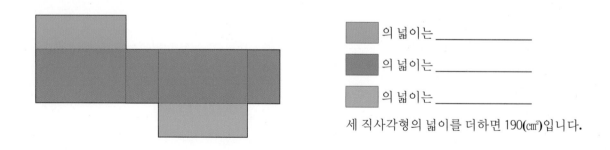

▢ 의 넓이는 _____

▢ 의 넓이는 _____

▢ 의 넓이는 _____

세 직사각형의 넓이를 더하면 190(㎠)입니다.

4 여러 가지 방법으로 직육면체의 겉넓이를 구해 봅시다.

① _____ $10 \times 5 + 5 \times 3 + 10 \times 3 + 10 \times 5 + 5 \times 3 + 10 \times 3 = 190$(㎠)입니다.

② _____ $(10 \times 5 + 5 \times 3 + 10 \times 3) \times 2 = 190$(㎠)입니다.

③ _____ $10 \times 3 + 26 \times 5 + 10 \times 3 = 190$(㎠)입니다.

도전! 서술형!

✏️ 다음 직육면체의 겉넓이를 여러 가지 방법으로 구하시오.

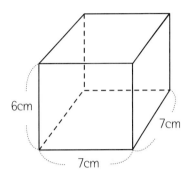

6cm

7cm

7cm

1 (   ) 직육면체의 겉넓이를 구해 봅시다.

2 (   ) 직육면체의 겉넓이를 구해 봅시다.

3 (   ) 직육면체의 겉넓이를 구해 봅시다.

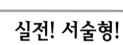 

다음 직육면체의 겉넓이를 여러 가지 방법으로 구하시오.

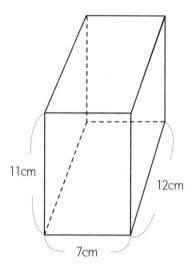

개념 쏙쏙!

지아는 직육면체의 부피를 구하고 있습니다. 다음을 보고 지아가 잘못한 점을 설명하고 바르게 계산하시오.

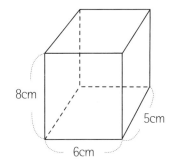

직육면체의 부피 = (6 + 5) × 8 = 88㎤

1 잘못된 점을 찾아 설명해 봅시다.

> 직육면체의 부피를 구하는 방법은 '가로 × 세로 × 높이' 인데 '(가로 + 세로) × 높이'로 구했습니다.

2 직육면체의 부피를 구해 봅시다.

> 직육면체의 부피를 구하는 방법은 '가로 × 세로 × 높이'이므로 직육면체의 부피는 $6 \times 5 \times 8 = 240$㎤입니다.

정리해 볼까요?

직육면체의 부피를 구하는 방법 설명하기

직육면체의 부피를 구하는 방법은 '가로 × 세로 × 높이' 인데 '(가로 + 세로) × 높이'로 구했습니다.

따라서 직육면체의 부피를 구하면 $6 \times 5 \times 8 = 240$㎤입니다.

첫걸음 가볍게!

✎ 다음 직육면체의 부피를 구하는 과정을 보고 잘못된 점을 설명하고 부피를 바르게 구하시오.

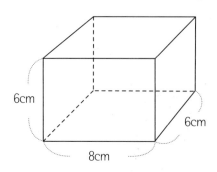

직육면체의 부피는 (8×6 + 6×6 + 6×8) × 2 = 264㎤

1 잘못된 점을 찾아 설명해 봅시다.

직육면체의 부피를 구하는 방법은 '⬚ × ⬚ × ⬚'인데 직육면체의 겉넓이를 구하는 방법을 사용했습니다.

2 직육면체의 부피를 구해 봅시다.

직육면체의 부피를 구하는 방법은 '⬚ × ⬚ × ⬚'이므로 ⬚ × ⬚ × ⬚을 하면 직육면체의 부피는 ⬚ ㎤입니다.

3 직육면체의 넓이를 구하는 방법에서 잘못된 점을 설명하고 부피를 바르게 구하시오.

직육면체의 부피를 구하는 방법은 '⬚ × ⬚ × ⬚'인데 직육면체의 '(가로 × 세로 + 세로 × 높이 + 높이 × 가로) × 2'로 계산하여 직육면체의 겉넓이를 구했습니다. 따라서 주어진 직육면체의 부피를 구하면 ⬚ × ⬚ × ⬚로 계산하면 되고 직육면체의 부피는 ⬚ ㎤입니다.

한 걸음 두 걸음!

✏️ 다음 직육면체의 부피를 구하는 과정을 보고 잘못된 점을 설명하고 부피를 바르게 구하시오.

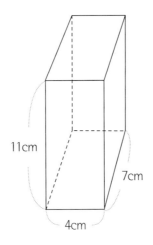

직육면체의 부피는 (4 + 7 + 11) × 4 = 88cm³

1 잘못된 점을 찾아 설명해 봅시다.

직육면체의 부피를 구하는 방법은 _____ 인데 직육면체의 모서리의 길이를 구하는 방법을

사용했습니다.

2 직육면체의 부피를 구해 봅시다.

직육면체의 부피를 구하는 방법은 _____ 이므로 _____ 을 하면

직육면체의 부피는 _____cm³입니다.

3 직육면체의 부피를 구하는 방법에서 잘못된 점을 설명하고 부피를 바르게 구하시오.

잘못된 점은 직육면체의 부피를 구하는 방법은 _____ 인데 '(가로+세로+높이) × 4'로 직육

면체의 부피를 구했습니다. 따라서 주어진 직육면체의 부피를 구하면 _____ 로 계산하면

되고 직육면체의 부피는 [   ]cm³입니다.

도전! 서술형!

다음 정육면체의 부피를 구하는 과정을 보고 잘못된 점을 설명하고 부피를 바르게 구하시오.

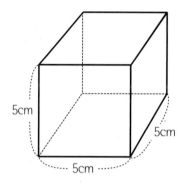

정육면체의 부피는 (5 × 5) × 6 = 150㎤

1 잘못된 점을 찾아 설명해 봅시다.

_____

_____

_____

_____

2 정육면체의 부피를 구해 봅시다.

_____

_____

_____

_____

실전! 서술형!

✏️ 다음 직육면체의 부피를 구하는 과정을 보고 잘못된 점을 설명하고 부피를 바르게 구하시오.

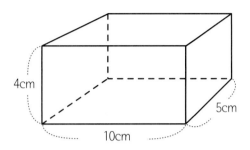

직육면체의 부피는 $(10 + 5 + 4) \times (10 + 5 + 4) = 361$㎤

 **개념 쏙쏙!**

✏ 다음 도형의 부피를 구하는 방법을 설명하고 답을 쓰시오.

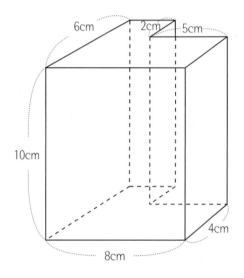

1 도형의 부피 구하는 방법을 설명해 봅시다.

> 도형을 두 개의 직육면체로 나누어 각각의 부피를 구한 후 더하면 됩니다.

2 도형의 부피를 구해 봅시다.

> $(6 \times 3 \times 10) + (4 \times 5 \times 10) = 180 + 200 = 380(\text{cm}^3)$입니다.

정리해 볼까요?

도형의 부피 구하는 방법 알아보기

주어진 도형을 부피를 구할 수 있는 두 개의 직육면체로 나눕니다. 왼쪽 직육면체의 부피는 $6 \times 3 \times 10$이고 오른쪽 직육면체의 부피는 $4 \times 5 \times 10$이므로 두 개를 더한 도형의 부피는 $180 + 200 = 380(\text{cm}^3)$입니다.

첫걸음 가볍게!

✏️ 다음은 모든 모서리가 10cm로 이루어진 입체도형입니다. 이 도형의 부피를 구하는 방법을 설명하고
답을 쓰시오.

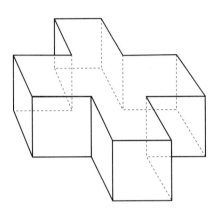

1 도형의 부피 구하는 방법을 설명해 봅시다.

도형을 다섯 개의 [   ]로 나누어 하나의 부피를 구한 후 5를 곱하면 됩니다.

2 도형의 부피를 구해 봅시다.

([   ]) × 5 = 5000(㎤)입니다.

3 주어진 도형의 부피를 구하는 방법을 설명하고 답을 쓰시오.

주어진 도형을 나누어 다섯 개의 [   ]로 만듭니다. 하나의 정육면체의 부피는 [   ]

으로 구하면 1000㎤이고, 전체의 부피는 1000 × [   ]로 계산하여 [   ]㎤입니다.

한 걸음 두 걸음!

✏️ 다음 도형의 부피를 구하는 방법을 설명하고 답을 쓰시오.

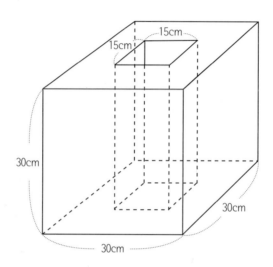

1 도형의 부피 구하는 방법을 설명해 봅시다.

_____ 직육면체의 부피에서 비어있는 가운데 부분의 직육면체의 부피를 구하여

빼면 됩니다.

2 도형의 부피를 구해 봅시다.

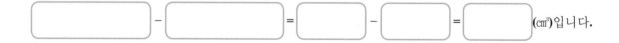

( ) – ( ) = ( ) – ( ) = ( ) (㎤)입니다.

3 주어진 도형의 부피를 구하는 방법을 설명하고 답을 쓰시오.

_____ 직육면체의 부피에서 비어있는 가운데 부분의 직육면체의 부피를 구하여 빼면

됩니다. 이것을 식으로 나타내면 (_____) – (_____)이고 계산 결과 주어진 도형

의 부피는 _____㎤입니다.

도전! 서술형!

✎ 다음 도형의 부피를 구하는 방법을 설명하고 답을 쓰시오.

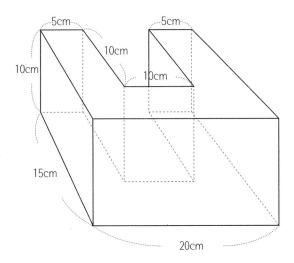

1 도형의 부피 구하는 방법을 설명해 봅시다.

2 도형의 부피를 구해 봅시다.

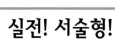

다음 도형의 부피를 구하는 방법을 설명하고 답을 쓰시오.

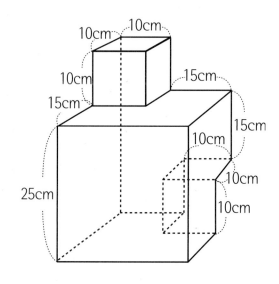

Jumping Up! 창의성!

의사인 걸리버는 배를 타고 세계를 여행하게 되었습니다. 그러던 어느 날 배가 난파되어 홀로 어느 섬에 도착했습니다. 그 섬은 12cm 정도의 작은 사람들이 살고 있는 소인국이었고 그들의 도움을 받게 되었습니다. 소인국 사람들은 가로, 세로, 높이가 1cm인 케이크를 1인분으로 먹었습니다. 소인국 사람들이 걸리버를 위해 가져온 음식은 가로, 세로, 높이가 12cm인 케이크였습니다. 걸리버가 먹은 케이크는 소인국 사람들이 몇 명이나 먹을 수 있는 양일지 생각해 봅시다.

1) 소인국 사람들이 먹는 케이크의 부피는 얼마입니까?

2) 걸리버가 먹는 케이크의 부피는 얼마입니까?

3) 걸리버가 먹는 케이크는 소인국 사람 몇 명이 먹을 수 있는 양입니까?

직육면체에서 가로, 세로, 높이가 처음보다 2배, 3배, 4배 등으로 커질 때 어떤 규칙이 있을지 생각해 봅시다.

1) 가로, 세로, 높이가 처음 도형의 2배가 되면 전체 부피는 모두 몇 배가 됩니까?

2) 가로, 세로, 높이가 처음 도형의 3배가 되면 전체 부피는 모두 몇 배가 됩니까?

3) 가로, 세로, 높이가 처음 도형의 4배가 되면 전체 부피는 모두 몇 배가 됩니까?

4) 가로, 세로, 높이가 처음 도형의 5배가 되면 전체 부피는 모두 몇 배가 됩니까?

5) 여기에서 찾을 수 있는 규칙을 글로 써 봅시다.

_____

_____

_____

_____

_____

1 다음 직육면체의 겉넓이를 두 가지 방법으로 구하시오.

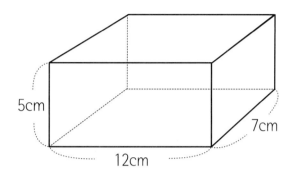

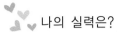
2 다음 직육면체의 부피를 구하는 과정을 보고 잘못된 점을 설명하고 부피를 바르게 구하시오.

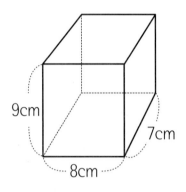

직육면체의 부피는 $(8 + 7 + 9) \times 4 = 88 \text{cm}^3$

3 다음 도형의 부피를 구하는 방법을 설명하고 답을 쓰시오.

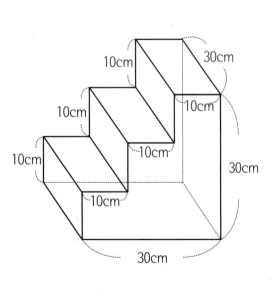

6-1

정답 및 해설

1. 각기둥과 각뿔

6쪽 **개념 쏙쏙!**

1 ① 삼각형, 직사각형 ② 3, 4 ③ 9, 12 ④ 6, 8

2 ② 2

7쪽 **첫걸음 가볍게!**

1 ① 육각형, 오각형 ② 6, 5 ③ 18, 15 ④ 12, 10

2 ① 각기둥 ② 2, 평행, 합동 ③ 수직 ④ 직사각형

3 육각형, 오각형, 6, 5, 18, 15, 12, 10, 각기둥, 2, 평행, 합동, 수직, 직사각형

8쪽 **한 걸음 두 걸음!**

1 ① (가)는 삼각형이고, (나)는 직사각형입니다.

② (가)는 3개이고, (나)는 4개입니다.

③ (가)는 6개이고, (나)는 8개입니다.

④ (가)는 4개이고, (나)는 5개입니다.

2 ① 각뿔입니다.

② 1개입니다.

③ 삼각형입니다.

9쪽 **도전! 서술형!**

1 다음에 제시된 차이점 중에서 두 가지를 쓰면 됩니다.

밑면의 모양이 (가)는 육각형이고, (나)는 오각형입니다. 옆면의 개수가 (가)는 6개이고, (나)는 5개입니다.

모서리의 개수가 (가)는 12개이고, (나)는 10개입니다. 꼭짓점의 개수가 (가)는 7개이고, (나)는 6개입니다.

2 다음에 제시된 공통점에서 두 가지를 쓰면 됩니다.

입체도형입니다. 각뿔입니다. 밑면의 개수가 1개입니다. 옆면의 모양이 삼각형입니다.

10쪽 **실전! 서술형!**

다음에 제시된 차이점과 공통점 중에서 각각 두 가지를 쓰면 됩니다.

(가)와 (나)의 차이점은 (가)는 사각뿔이고, (나)는 사각기둥입니다. 밑면의 개수가 (가)는 1개이고, (나)는 2개입니다. 모서리의 개수가 (가)는 8개이고, (나)는 12개입니다. 꼭짓점의 개수가 (가)는 5개이고, (나)는 8개입니다.

(가)와 (나)의 공통점은 입체도형입니다. 밑면의 모양이 사각형이고, 옆면의 개수가 4개입니다.

11쪽 **개념 쏙쏙!**

2 (가), (라), (나), (다)

3 ② 2

정리해 볼까요? 겹쳐지고, 2

12쪽 **첫걸음 가볍게!**

1 ① 직사각형 ② 2, 합동 ③ 4 ④ 모서리 ⑤ 겹치는지

2 (나), (라), (나), 5, (라), 모서리

13쪽 **한 걸음 두 걸음!**

1 ① 밑면이 오각형인지 살펴봅니다.

② 밑면이 2개이고, 서로 합동인지 살펴봅니다.

③ 옆면이 직사각형이고, 5개인지 살펴봅니다.

④ 전개도를 접었을 때 만나는 모서리의 길이가 같은지 살펴봅니다.

⑤ 전개도를 접었을 때 밑면 또는 옆면이 서로 겹치는지 생각해 봅니다.

2 (나), 밑면이 서로 겹쳐지기 때문입니다.

14쪽 **도전! 서술형!**

1 (라)

2 사각기둥은 옆면의 개수가 4개인데 전개도에는 옆면이 3개이기 때문입니다.

15쪽 **실전! 서술형!**

육각기둥은 옆면의 개수가 6개인데 전개도에는 옆면이 5개이기 때문입니다.

16쪽 **Jumping Up! 창의성!**

1

입체도형	삼각기둥	사각기둥	오각기둥
(한) 밑면의 변의 수	3	4	5
면의 수	5	6	7
꼭짓점의 수	6	8	10
모서리의 수	9	12	15

3 각기둥의 꼭짓점의 수 사이의 규칙은 (한 밑면의 변의 수)×2입니다.

각기둥의 모서리의 수 사이의 규칙은 (한 밑면의 변의 수)×3입니다.

4 십각기둥의 면의 개수는 10+2=12(개), 꼭짓점의 개수는 10×2=20(개), 모서리의 개수는 10×3=30(개)입니다.

 **나의 실력은?**

17쪽

1 다음에 제시된 (가)와 (나)의 차이점과 공통점을 각각 2가지씩 쓰면 됩니다.

(가)와 (나)의 차이점은 (가)의 이름은 오각기둥이고, (나)는 오각뿔입니다. 옆면의 모양이 (가)는 직사각형이고, (나)는 삼각형입니다.

모서리의 개수가 (가)는 15개이고, (나)는 10개입니다. 꼭짓점의 개수가 (가)는 10개이고, (나)는 6개입니다.

(가)와 (나)의 공통점은 밑면의 모양이 오각형입니다. 옆면의 개수가 5개입니다.

2 삼각기둥은 옆면의 개수가 3개인데 전개도에는 옆면이 4개이기 때문입니다.

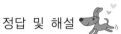

2. 분수의 나눗셈

20쪽

1 $2 \div \dfrac{1}{4}$
3 방법 1 8, 8   방법 2 8
4 8

21쪽 **첫걸음 가볍게!**

1 $4 \div \dfrac{1}{3}$

2 $\dfrac{1}{3}, \dfrac{1}{3}, \dfrac{1}{3}, \dfrac{1}{3}, \dfrac{1}{3}, \dfrac{1}{3}, \dfrac{1}{3}, \dfrac{1}{3}, \dfrac{1}{3}, \dfrac{1}{3}, \dfrac{1}{3}, \dfrac{1}{3}$

3 방법 1 12, 12

　방법 2 3, 4, 4, 4, 3, 12

4

| $\dfrac{1}{3}$ | $\dfrac{1}{3}$ | $\dfrac{1}{3}$ | $\dfrac{1}{3}$ | $\dfrac{1}{3}$ | $\dfrac{1}{3}$ | $\dfrac{1}{3}$ | $\dfrac{1}{3}$ | $\dfrac{1}{3}$ | $\dfrac{1}{3}$ | $\dfrac{1}{3}$ | $\dfrac{1}{3}$ |

12, 12, 4, 4, 4, 3, 12, 12

22쪽 **한 걸음 두 걸음!**

1 $3 \div \dfrac{1}{5}$

3 방법 1 , 방법 2 의 순서는 바뀌어도 됩니다.

　방법 1 3에서 $\dfrac{1}{5}$씩 15번 덜어낼 수 있으므로 $3 \div \dfrac{1}{5} = 15$입니다.

　방법 2 $3 \div \dfrac{1}{5}$ 의 값은 $1 \div \dfrac{1}{5}$ 의 3배이므로 $3 \div \dfrac{1}{5} = 3 \times \left(1 \div \dfrac{1}{5}\right) = 3 \times 5 = 15$입니다.

4 $3 \div \dfrac{1}{5}$ 입니다.

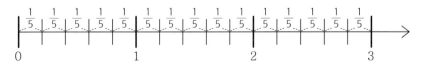

3에서 $\dfrac{1}{5}$ 씩 15번 덜어낼 수 있으므로 $3 \div \dfrac{1}{5} = 15$입니다. (또는 $3 \div \dfrac{1}{5} = 3 \times \left(1 \div \dfrac{1}{5}\right) = 3 \times 5 = 15$입니다.)

15

23쪽 **도전! 서술형!**

1 $5 \div \dfrac{1}{2}$

2 수 막대, 원, 수직선 등의 방법으로 표현해도 됩니다.

$\dfrac{1}{2}$	$\dfrac{1}{2}$	$\dfrac{1}{2}$	$\dfrac{1}{2}$	$\dfrac{1}{2}$
$\dfrac{1}{2}$	$\dfrac{1}{2}$	$\dfrac{1}{2}$	$\dfrac{1}{2}$	$\dfrac{1}{2}$

3 5에서 $\dfrac{1}{2}$씩 10번 덜어낼 수 있으므로 $5 \div \dfrac{1}{2} = 10$입니다. (또는 $5 \div \dfrac{1}{2} = 5 \times (1 \div \dfrac{1}{2}) = 5 \times 2 = 10$입니다.)

4 10

24쪽 **실전! 서술형!**

몇 개의 상자를 포장할 수 있는지를 구하는 식은 $6 \div \dfrac{1}{4}$입니다.

$6 \div \dfrac{1}{4}$을 다음과 같이 그림으로 나타낼 수 있습니다.

또는

6에서 $\dfrac{1}{4}$씩 24번 덜어낼 수 있으므로 $6 \div \dfrac{1}{4} = 24$입니다.

(또는 $6 \div \dfrac{1}{4} = 6 \times (1 \div \dfrac{1}{4}) = 6 \times 4 = 24$입니다.) 따라서 24개의 상자를 포장할 수 있습니다.

25쪽 **개념 쏙쏙!**

2 방법 2 $6, 2, 6 \div 2$

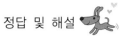

26쪽

1 $\dfrac{2}{15}, \dfrac{2}{15}, \dfrac{2}{15}, \dfrac{2}{15}, \dfrac{2}{15}, \dfrac{2}{15}$

2 [방법 1] $\dfrac{2}{15}$, 6, 2, 6, 12 ÷ 2 [방법 2] 12, 2, 12 ÷ 2

3 6, 6, 12, 2

27쪽

1

2 [방법 1] $\dfrac{12}{13}$ 에서 $\dfrac{3}{26}$ 을 8번, 24에서도 3을 8번 덜어낼 수 있으므로 $\dfrac{12}{13} \div \dfrac{3}{26}$ 의 값과 24 ÷ 3의 값은 같습니다.

[방법 2] $\dfrac{12}{13}$ 는 $\dfrac{1}{26}$ 이 24개이고, $\dfrac{3}{26}$ 은 $\dfrac{1}{26}$ 이 3개이므로 $\dfrac{12}{13} \div \dfrac{3}{26}$ 의 값과 24 ÷ 3의 값은 같습니다.

28쪽

1 수막대로 나타내었을 때 [그림] 를 생략하여도 되고 수직선으로 나타내어도 됩니다.

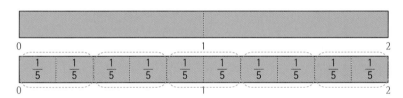

2 다음 두 가지 방법 중에서 한 가지 방법으로 설명하면 됩니다.

[방법 1] 2에서 $\dfrac{2}{5}$ 를 5번, 10에서도 2를 5번 덜어낼 수 있으므로 $2 \div \dfrac{2}{5}$ 의 값과 10 ÷ 2의 값은 같습니다.

[방법 2] 2는 $\dfrac{1}{5}$ 이 10개이고, $\dfrac{2}{5}$ 는 $\dfrac{1}{5}$ 이 2개이므로 $2 \div \dfrac{2}{5}$ 의 값은 10 ÷ 2의 값과 같습니다.

29쪽

다음 두 가지 방법 중에서 한 가지 방법으로 설명하면 됩니다.

[방법 1] $\dfrac{2}{3}$ 에서 $\dfrac{2}{9}$ 를 3번, 6에서도 2를 3번 덜어낼 수 있으므로 $\dfrac{2}{3} \div \dfrac{2}{9}$ 의 값과 6 ÷ 2의 값은 같습니다.

[방법 2] $\dfrac{2}{3}$ 는 $\dfrac{1}{9}$ 이 6개이고, $\dfrac{2}{9}$ 는 $\dfrac{1}{9}$ 이 2개이므로 $\dfrac{2}{3} \div \dfrac{2}{9}$ 의 값은 6 ÷ 2의 값과 같습니다.

개념 쏙쏙!

1 ① $\dfrac{22}{5}$, $\dfrac{5}{3}$

첫걸음 가볍게!

1 $\dfrac{19}{8}$, $\dfrac{19}{6}$

2 $\dfrac{19}{6}$, $\dfrac{19}{8}$, $\dfrac{19}{6}$, $\dfrac{8}{19}$, $\dfrac{4}{3}$, $1\dfrac{1}{3}$ (또는 $\dfrac{19}{6}$, $\dfrac{19}{8}$, $\dfrac{19}{6}$, $\dfrac{8}{19}$, $\dfrac{8}{6}$, $1\dfrac{2}{6}$)

3 $\dfrac{19}{8}$, $\dfrac{19}{6}$, $\dfrac{19}{6}$, $\dfrac{8}{19}$, $\dfrac{4}{3}$, $1\dfrac{1}{3}$ (또는 $\dfrac{19}{6}$, $\dfrac{8}{19}$, $\dfrac{8}{6}$, $1\dfrac{2}{6}$)

한 걸음 두 걸음!

1 $\dfrac{21}{10} \div \dfrac{7}{5}$ 을 분수의 나눗셈을 이용하여 계산하려면 두 분수의 분모를 통분하여야 합니다. 그런데 통분을 하지 않고 나눗셈을 하였기 때문에 잘못되었습니다.

2 방법 1 $\dfrac{21}{10} \div \dfrac{7}{5} = \dfrac{21}{10} \div \dfrac{14}{10} = 21 \div 14 = \dfrac{21}{14} = 1\dfrac{1}{2}$ (또는 $1\dfrac{7}{14}$)

　　방법 2 $\dfrac{21}{10} \div \dfrac{7}{5} = \dfrac{21}{10} \times \dfrac{5}{7} = \dfrac{3}{2} = 1\dfrac{1}{2}$

3 두 분수의 분모를 통분하지 않고 계산했기 때문입니다.

$\dfrac{21}{10} \div \dfrac{7}{5} = \dfrac{21}{10} \div \dfrac{14}{10} = 21 \div 14 = \dfrac{21}{14} = 1\dfrac{1}{2}$ (또는 $1\dfrac{7}{14}$)

도전! 서술형!

1 나누는 수의 분자와 분모를 바꾸어야 하는데, 나뉠 수의 분모와 분자를 바꾸어 계산했습니다.

2 $3\dfrac{3}{7} \div \dfrac{6}{7} = \dfrac{24}{7} \div \dfrac{6}{7} = \dfrac{24}{\cancel{7}} \times \dfrac{\cancel{7}}{6} = 4$

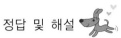

34쪽 실전! 서술형!

계산이 잘못된 이유는 대분수를 가분수로 바꾸지 않고 약분을 하였기 때문입니다. 바르게 계산하면 $5\frac{2}{3} \div \frac{8}{9} = \frac{17}{3} \times \frac{9}{8} = \frac{51}{8} = 6\frac{3}{8}$ 입니다.

35쪽 개념 쏙쏙!

3 ② 방법 1 6, 6, 3, 18 방법 2 3, 18 방법 3 18, 18, 1, 18 ③ 18 ④ 9

36쪽 첫걸음 가볍게!

1 한 명이 먹을 수 있는 호떡의 개수

2 ① 흑설탕 $5\frac{5}{8}$ 컵으로 만들 수 있는 호떡의 개수

② 한 명이 먹을 수 있는 호떡의 개수

3 ① $5\frac{5}{8} \div \frac{8}{3}$

② 방법 1 $\frac{45}{8}$, $\frac{3}{8}$, 45, 3, 15 방법 2 $\frac{45}{8}$, $\frac{3}{8}$, $\frac{45}{8}$, $\frac{8}{3}$, 15

③ 15   ④ 3

4 $\frac{45}{8}$, $\frac{3}{8}$, $\frac{45}{8}$, $\frac{8}{3}$, 15 ($\frac{45}{8}$, $\frac{3}{8}$, 45, 3, 15), 15, 3

37쪽 한 걸음 두 걸음!

1 한 명에게 나누어 줄 수 있는 초콜릿의 개수

2 ① 코코아 가루 $\frac{8}{9}$ 컵으로 만들 수 있는 초콜릿의 개수를 구합니다.

② 한 명에게 나누어 줄 수 있는 초콜릿의 개수를 구합니다.

3 코코아 가루 $\frac{8}{9}$ 컵으로 만들 수 있는 초콜릿의 개수는 $\frac{8}{9} \div \frac{2}{9} = \frac{8}{9} \times \frac{9}{2} = 4$(개)입니다. (또는 $\frac{8}{9} \div \frac{2}{9} = 8 \div 2 = 4$입니다.)

초콜릿 4개를 4명에게 똑같이 나누어 주어야 하므로 한 명에게 나누어 줄 수 있는 초콜릿의 개수는 $4 \div 4 = 1$(개)입니다.

4 1

도전! 서술형!

1 한 상자에 담을 수 있는 도넛의 개수

2 먼저 밀가루 4컵으로 만들 수 있는 도넛의 개수는 $4 \div \frac{2}{3} = 4 \times \frac{3}{2} = 6$(개)입니다. (또는 $4 \div \frac{2}{3} = \frac{12}{3} \div \frac{2}{3} = 12 \div 2 = 6$입니다.)

도넛 6개를 3개의 상자에 똑같이 나누어 담을 때 한 상자에 담을 수 있는 도넛의 개수는 $6 \div 3 = 2$(개)입니다. 따라서 한 상자에 2개씩 담을 수 있습니다.

3 2

 실전! 서술형!

먼저 호두 $11\frac{1}{5}$컵으로 만들 수 있는 호두파이의 개수는 $11\frac{1}{5} \div 1\frac{2}{5} = \frac{56}{5} \div \frac{7}{5} = \frac{56}{5} \times \frac{5}{7} = 8$(개)입니다. (또는 $11\frac{1}{5} \div 1\frac{2}{5} = \frac{56}{5} \div \frac{7}{5}$ $= 56 \div 7 = 8$입니다.) 호두파이 8개를 4명이 똑같이 나누어 먹어야 하므로 한 명이 먹을 수 있는 호두파이의 개수는 $8 \div 4 = 2$(개)입니다. 따라서 한 명이 2개씩 먹을 수 있습니다.

 **나의 실력은?**

1 수직선으로 나타내어도 됩니다.

$\frac{1}{3}$	$\frac{1}{3}$	$\frac{1}{3}$	$\frac{1}{3}$	$\frac{1}{3}$	$\frac{1}{3}$	$\frac{1}{3}$	$\frac{1}{3}$	$\frac{1}{3}$	$\frac{1}{3}$	$\frac{1}{3}$	$\frac{1}{3}$

0   1   2   3   4

4에서 $\frac{1}{3}$씩 12번 덜어낼 수 있으므로 $4 \div \frac{1}{3} = 12$입니다. (또는 $4 \div \frac{1}{3} = 4 \times (1 \div \frac{1}{3}) = 4 \times 3 = 12$입니다.) 따라서 12개의 상자를 포장할 수 있습니다.

2 다음 두 가지 방법 중에서 한 가지 방법으로 설명하면 됩니다.

[방법 1] $\frac{10}{11}$에서 $\frac{2}{11}$를 5번, 10에서도 2를 5번 덜어낼 수 있으므로 $\frac{10}{11} \div \frac{2}{11}$의 값과 $10 \div 2$의 값은 같습니다.

[방법 2] $\frac{10}{11}$은 $\frac{1}{11}$이 10개이고 $\frac{2}{11}$는 $\frac{1}{11}$이 2개이므로 $\frac{10}{11} \div \frac{2}{11}$의 값과 $10 \div 2$의 값은 같습니다.

3 계산이 잘못된 이유는 대분수를 가분수로 바꾸지 않고 약분을 하였기 때문입니다.

바르게 계산하면 $2\frac{6}{7} \div \frac{3}{4} = \frac{20}{7} \div \frac{3}{4} = \frac{20}{7} \times \frac{4}{3} = \frac{80}{21} = 3\frac{17}{21}$ 입니다.

4 먼저 밀가루 $5\frac{1}{3}$ 컵으로 만들 수 있는 호떡의 개수를 구하여야 합니다. $5\frac{1}{3} \div \frac{2}{3} = \frac{16}{3} \div \frac{2}{3} = \frac{16}{3} \times \frac{3}{2} = 8$(개)입니다.

(또는 $5\frac{1}{3} \div \frac{2}{3} = \frac{16}{3} \div \frac{2}{3} = 16 \div 2 = 8$입니다.)

호떡 8개를 4명이 똑같이 나누어 먹어야 하므로 한 명이 먹을 수 있는 호떡의 개수는 $8 \div 4 = 2$(개)입니다. 따라서 한 명이 2개씩 먹을

수 있습니다.

3. 소수의 나눗셈

43쪽 **첫걸음 가볍게!**

1 0.28, 0.28, 0.28, 0.28, 0.28, 0.28, 0.28, 0.28, 0.28, 9

2 $\dfrac{252}{100}, \dfrac{28}{100}, 252, 28, 9$

3 9, 252, 0

44쪽 **한 걸음 두 걸음!**

1 0.46 − 0.46 − 0.46 − 0.46 − 0.46 − 0.46 − 0.46 − 0.46, 8번

2 $\dfrac{368}{100} \div \dfrac{46}{100} = 368 \div 46 = 8$

3 8, 368, 0

45쪽 **도전! 서술형!**

1 12 − 2.4 − 2.4 − 2.4 − 2.4 − 2.4 = 0 5번 덜어낼 수 있습니다.

2 $12 \div 2.4 = \dfrac{120}{10} \div \dfrac{24}{10} = 120 \div 24 = 5$

3
$$
\begin{array}{r}
5 \\
2.4\,\overline{\smash{)}\,1\,2.0} \\
1\,2 \\
\hline
0
\end{array}
$$

46쪽 **실전! 서술형!**

뺄셈으로 알아보면 14 − 3.5 − 3.5 − 3.5 − 3.5 = 0 4일간 쓸 수 있습니다.

분수의 나눗셈으로는 $14 \div 3.5 = \dfrac{140}{10} \div \dfrac{35}{10} = 140 \div 35 = 4$입니다.

소수의 나눗셈으로는
$$
\begin{array}{r}
4 \\
3.5\,\overline{\smash{)}\,1\,4.0} \\
1\,4 \\
\hline
0
\end{array}
$$
와 같이 계산할 수 있습니다.

47쪽 개념 쏙쏙!

1 4, 4

정리해 볼까요? 4, 4

48쪽 첫걸음 가볍게!

1 밑변, 높이, 4, 1.56

2 1.56, 4, 22, 20, 24, 24, 0

49쪽 한 걸음 두 걸음!

1 {(윗변) + (아랫변)} × (높이) ÷ 2,

{(4.95) + (⬚)} × 2.5 ÷ 2 = 15.9,

15.9 × 2 ÷ 2.5 − 4.95 = ⬚

31.8 ÷ 2.5 − 4.95 = ⬚

2 12.72, 7.77, 7.77

50쪽 도전! 서술형!

1 평행사변형의 넓이 = (밑변) × (높이)입니다.

이는 4.25 × ⬚ = 17로 나타낼 수 있습니다.

나눗셈식으로 바꾸면 17 ÷ 4.25 = ⬚ 로 나타낼 수 있습니다.

2 소수의 나눗셈으로 높이를 구하면 17 ÷ 4.25 = 4(㎝)입니다.

51쪽 실전! 서술형!

마름모의 넓이 = (한 대각선의 길이) × (다른 한 대각선의 길이) ÷ 2입니다. 이는 13.5 = 4.5 × ⬚ ÷ 2로 나타낼 수 있습니다. 식을 바꿔

나타내면 13.5 × 2 ÷ 4.5 = 27 ÷ 4.5 = ⬚ 로 나타낼 수 있습니다. 계산하면 27 ÷ 4.5 = 6(㎝)입니다.

53쪽   첫걸음 가볍게!

1 10, 2, 0.8

2 9.8, 100, 2

3 2.16, 2

54쪽   한 걸음 두 걸음!

1 0.2를 버림, 10을 곱한 것

2 14.2 ÷ 0.7은 140 ÷ 7 = 20 으로 어림하여 계산할 수 있습니다.

3 14.2 ÷ 0.7 = 20.29, 20

55쪽   도전! 서술형!

1 32.4를 30으로 나타낸 것은 2.4를 버림한 것이고, 0.5를 5로 나타낸 것은 10을 곱한 것이기 때문입니다.

2 32.4 ÷ 0.5를 어림하면 320 ÷ 5 = 64 로 나타낼 수 있습니다.

3 32.4 ÷ 0.5 = 64.8입니다.

56쪽   실전! 서술형!

2.52를 2로 나타낸 것은 0.52를 버림했고, 0.28을 0.3으로 소수둘째자리에서 반올림을 해서 어림방법이 서로 달라 틀렸습니다.

2.52 ÷ 0.28 을 바르게 어림하면 250 ÷ 30 = 8…10 로 어림할 수 있습니다. 계산해서 바르게 어림하였는지 확인해보면 2.52 ÷ 0.28 = 9로 바르게 어림하였습니다.

 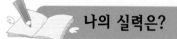

57쪽   나의 실력은?

1 뺄셈으로 계산하면 5.68 − 1.42 − 1.42 − 1.42 − 1.42 = 0, 4개입니다.

분수의 나눗셈으로 $\frac{568}{100} ÷ \frac{142}{100} = 568 ÷ 142 = 4$, 4개입니다.

소수의 나눗셈으로 $5.68 \div 1.42 = 568 \div 142 = 4$, 4개입니다.

2 사다리꼴 넓이 구하는 식은 {(윗변) + (아랫변)} × (높이) ÷ 2입니다.

{(4.95) + (7.77)} × ☐ ÷ 2 = 15.9이고,

다른 식으로 바꾸면 12.72 ÷ 2 × ☐ = 15.9입니다.

소수의 나눗셈으로 구하면 $15.9 \div 6.36 = 2.5$,

따라서 높이는 2.5(㎝)입니다.

3 163.2를 1630로 나타낸 것은 10을 곱한 뒤 2를 버림한 것이고, 20.4을 20으로 나타낸 것은 0.4를 버림한 것으로 어림방법이 서로 달라 틀렸습니다.

$163.2 \div 20.4$ 를 바르게 어림하면 $160 \div 20 = 8$ 로 어림할 수 있습니다. 계산해서 바르게 어림하였는지 확인해보면 $163.2 \div 20.4 = 8$입니다.

4. 비와 비율

첫걸음 가볍게!

1 8, 2

2 2, 8, $\frac{1}{4}$, 0.25

3 0.25, 25, 25

4 100, 25, 25, 75, 75

한 걸음 두 걸음!

1 전체 사람 수는 8명, 할머니의 수는 4명입니다.

2 전체 사람 수에 대한 할머니 수의 비는 4 : 8이고 비율로는 $\frac{1}{2}$ = 0.5입니다.

3 백분율로는 0.5 × 100 = 50%, 따라서 할머니일 가능성은 50%입니다.

4 전체 사람의 수에 대한 백분율은 100%이고 그중 할머니에 대한 확률은 50%이므로, 할머니가 아닐 가능성은 50%입니다.

도전! 서술형!

1 전체 사람 수는 400명, 빨간색 200, 파란색 100, 노란색 100명입니다. 이를 비율로 각각 나타내면 $\frac{1}{2}$, $\frac{1}{4}$, $\frac{1}{4}$ (0.5, 0.25, 0.25)입니다.

2 이 중 가장 비율이 높은 것은 $\frac{1}{2}$ 빨간색 옷입니다. 빨간색 옷을 백분율로 나타내면 $\frac{1}{2}$ × 100 = 50, 50%입니다.

실전! 서술형!

전체 학생 수는 1000명, 그중 한빛초등학교 학생 수는 250명, 이를 비로 나타내면 250 : 1000, 비율로는 $\frac{250}{1000}$ 입니다.

백분율로는 0.25 × 100 = 25(%)입니다. 따라서 한빛초등학교 학생일 가능성은 25 %입니다.

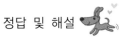

66쪽 **첫걸음 가볍게!**

1 0.18, 0.9, 0.9

2 0.2, 0.2, 0.2

3 0.9, 0.2, 5

67쪽 **한 걸음 두 걸음!**

1 300 × 0.25 = 75, 소금의 양은 75g입니다.

2 500 × 0.15 = 75, 소금의 양은 75g입니다.

3 75g의 소금이, 75g의 소금이, 두 소금물의 소금의 양은 같습니다.

68쪽 **도전! 서술형!**

1 4 × 0.3 = 1.2, 소금의 양은 1.2kg입니다.

2 5 × 0.2 = 1 , 소금의 양은 1kg입니다.

3 따라서 4kg의 소금에 더 많은 소금이 녹아 있습니다.

69쪽 **실전! 서술형!**

400g의 소금물에 녹아 있는 소금의 양은 400 × 0.15 = 60, 60g입니다. 360g의 소금물에 녹아 있는 소금의 양은 360 × 0.2 = 72, 72g입니다.

따라서 360g의 소금물에 더 많은 소금이 녹아 있습니다.

71쪽 **첫걸음 가볍게!**

1 8cm, 확대한 사진의 가로 길이

2 180, 1.8, $\frac{180}{100}$, $\frac{9}{5}$

3 비율, 8, 1.8, 14.4, 14.4

72쪽 **한 걸음 두 걸음!**

1 5500원이고 비교하는 양은 5500원의 5%만큼의 적립금, 구하고자 하는 것은 비교하는 양

2 비율로 나타내면 0.05, $\frac{5}{100}$

3 (기준량) × (비율)이므로 $5500 \times \frac{5}{100} = 275$, 적립금은 275원

73쪽 **도전! 서술형!**

1 기준량은 2000원, 비교하는 양은 2000원에 대한 10%만큼의 적립금입니다. 구하고자 하는 것은 비교하는 양입니다.

2 비율로 나타내면 0.1, $\frac{1}{10}$

3 (비교하는 양) = (기준량) × (비율)의 식으로 구할 수 있습니다. $2000 \times 0.1 = 200$, 따라서 적립금은 200원입니다.

74쪽 **실전! 서술형!**

이 문제에서 기준량은 8000원, 비교하는 양은 8000원에 대한 할인율입니다. 할인율의 경우 6000원일 때 900원 할인율과 같기 때문에 6000원

에 대한 900원의 비율을 먼저 구하면 $\frac{900}{6000} = \frac{3}{20} = 0.15$입니다.

구하고자 하는 것은 비교하는 양, 8000원에 대한 할인율은 $8000 \times 0.15 = 1200$(원)입니다.

 나의 실력은?

76쪽

1 전체 학생 수는 500명, 그 중 반티를 입지 않은 학생 수는 반팔 체육복 학생 수 150 + 긴팔 체육복 학생 수 100 = 250명입니다.

이를 비로 나타내면 250 : 500, 비율로는 $\frac{250}{500}$ 입니다. 백분율로는 0.5×100 = 50(%)입니다. 따라서 반티를 입지 않은 학생일 가능성은 50 %입니다.

2 1kg의 소금물에 녹아 있는 소금의 양은 3 × 0.25 = 0.75, 0.75kg입니다. 5kg의 소금물에 녹아 있는 소금의 양은 5 × 0.18 = 0.9, 0.9kg입니다. 따라서 5kg의 소금물에 더 많은 소금이 녹아 있습니다.

3 이 문제에서 기준량은 세로의 길이 20㎝, 비교하는 양은 가로의 길이입니다. 직사각형의 가로의 경우 20㎝인 세로에 대해 0.8의 비율입니다. 따라서 20 × 0.8 = 16, 16㎝입니다. 따라서 직사각형의 넓이는 20 × 16 = 320㎠입니다.

5. 원의 넓이

81쪽 **첫걸음 가볍게!**

1 지름, 원둘레, 원주

2 원주율, 3.1, 3.1

81쪽 **한 걸음 두 걸음!**

1 지름에 대한 원주의 비의 값, 3.1, 지름을 3.1

2 일정

82쪽 **도전! 서술형!**

1 원 위의 두 점을 이은 선분이 원의 중심을 지날 때, 이 선분을 원의 지름이라고 합니다. 원의 둘레를 원주라고 합니다.

2 지름에 대한 원주의 비의 값을 원주율이라고 합니다. 즉 원주 ÷ 지름 = 31.4 ÷ 10 = 3.14로 원주를 지름으로 나타내기 위해서 지름을 3.14개 연결한 것과 같습니다.

82쪽 **실전! 서술형!**

지름에 대한 원주의 비의 값을 원주율이라고 합니다. 원주 ÷ 지름 = 372 ÷ 120 = 3.1로 원주를 지름으로 나타내기 위해서 지름을 3.1개 연결한 것과 같습니다.

83쪽 **개념 쏙쏙!**

20, 10

정리해 볼까요? 지름, 20, 10

첫걸음 가볍게!

1 지름, 원주율 (또는 원주율, 지름)

2 지름, 원주율(또는 원주율, 지름), 120, 3, 360

3 지름, 원주율(또는 원주율, 지름), 지름, 원주율(또는 원주율, 지름), 120, 3, 360

85쪽
한 걸음 두 걸음!

1 지름 = 원주 ÷ 원주율

2 지름 = 원주 ÷ 원주율, 154, $3\frac{1}{7}$, 49

3 지름 = 원주 ÷ 원주율, 지름 = 원주 ÷ 원주율, $154 ÷ 3\frac{1}{7} = 154 ÷ \frac{22}{7} = 154 × \frac{7}{22} = 49$

86쪽
도전! 서술형!

1 원주 ÷ 지름 = 원주율에서 원주 = 지름 × 원주율로 계산해야 하는데 반지름 × 원주율로 계산했습니다.

2 원주 = 지름 × 원주율로 계산해야 하므로 굴렁쇠의 원주는 (45 × 2) × 3.1 = 279입니다.

　따라서 굴렁쇠가 4바퀴 굴러간 거리는 279 × 4 = 1116(㎝)입니다.

87쪽
실전! 서술형!

　원주 ÷ 지름 = 원주율에서 지름 = 원주 ÷ 원주율로 계산해야 하는데 지름을 원주 × 원주율로 계산했습니다. 따라서 지름 = 원주 ÷ 원주율이므로 원의 지름은 69.08 ÷ 3.14 = 22(㎝)입니다.

89쪽
첫걸음 가볍게!

1 (지름이 20㎝인)큰 원, (지름이 10㎝인)작은 원

2 (지름이 20㎝인)큰 원, (지름이 10㎝인)작은 원, 10 × 10 × 3, 5 × 5 × 3, 300, 150, 150

3 (지름이 20㎝인)큰 원, (지름이 10㎝인)작은 원, 10 × 10 × 3 - 5 × 5 × 3 × 2 = 300 - 150 = 150

90쪽 **한 걸음 두 걸음!**

1 반지름이 8cm(지름이 16cm)인 원의 넓이, 반지름이 2cm(지름이 4cm)인 원의 넓이, 반지름이 4cm(지름이 8cm)인 원의 넓이

2 $8 \times 8 \times 3, 2 \times 2 \times 3, 4 \times 4 \times 3, 192 - (24 + 24) = 192 - 48 = 144$

3 반지름이 8cm(지름이 16cm)인 원의 넓이, 반지름이 2cm(지름이 4cm)인 원의 넓이, 반지름이 4cm(지름이 8cm)인 원의 넓이,

$8 \times 8 \times 3, 2 \times 2 \times 3, 4 \times 4 \times 3, 192 - (24 + 24) = 192 - 48 = 144$

91쪽 **도전! 서술형!**

1 반지름이 10cm(지름이 20cm)인 원에서 대각선의 길이가 20cm인 마름모의 넓이를 빼면 됩니다.

2 $10 \times 10 \times 3.1 - 20 \times 20 \div 2 = 310 - 200 = 110$(㎠)입니다.

91쪽 **실전! 서술형!**

 주어진 원을 점선을 따라 잘라 파란색의 볼록한 부분을 오목한 부분에 넣으면 파란색으로 색칠한 부분은 반지름이 5cm인 원의 반이 됩니다. 따라서 파란색으로 색칠한 부분의 넓이를 구하면 $5 \times 5 \times 3.1 \div 2 = 38.75$(㎠)입니다.

92쪽 **Jumping Up! 창의성!**

만든 도형	한 변의 길이 또는 원주	도형의 넓이 구하는 방법	넓이
(삼각형)	20	(정삼각형의 높이: 17) 밑변 × 높이 ÷ 2 $= 20 \times 17 \div 2$	170
(정사각형)	15	한 변의 길이 × 한 변의 길이 $= 15 \times 15$	225
(원)	60	(원주율: 3) 지름 = 원주 ÷ 원주율 = 60 ÷ 3 = 20, 반지름 = 10 넓이 = 반지름 × 반지름 × 원주율 $= 10 \times 10 \times 3$	300

원

1 지름에 대한 원주의 비의 값을 원주율이라고 합니다. 즉 원주를 나타내기 위해서 지름을 3과 $\frac{7}{50}$ 개를 연결한 것과 같습니다. 또한 원의 크기와 관계없이 지름에 대한 원주의 비는 일정합니다.

2 원주 ÷ 지름 = 원주율에서 원주 = 지름 × 원주율로 계산해야 하는데 지름 ÷ 원주율로 잘못 계산했습니다.

따라서 원주 = 지름 × 원주율이므로 굴렁쇠의 원주는 $50 \times 3\frac{1}{7} = 50 \times \frac{22}{7} = \frac{1100}{7} = 157\frac{1}{7}$ (cm)입니다.

3 운동장의 모양은 원과 직사각형이 합쳐진 모양입니다. 운동장의 넓이를 구하기 위해서는 지름이 30m인 원의 넓이와 가로와 세로가 50m, 30m인 직사각형의 넓이를 구하면 됩니다.

지름이 30m(반지름이 15m)인 원의 넓이는 $15 \times 15 \times 3.1$이고 직사각형의 넓이는 50×30이므로 697.5 + 1500 = 2197.5(m^2)입니다.

6. 직육면체의 겉넓이와 부피

첫걸음 가볍게!

1 $6 \times 6, 6 \times 6, 6 \times 6, 6 \times 6, 6 \times 6, 6 \times 6, 216$

2 $6 \times 6, 6, 216$

3 $6 \times 18, 18 \times 6, 216$

4 $6 \times 6, 6 \times 6, 6 \times 6, 6 \times 6, 6 \times 6, 216, 6 \times 6, 216, 6 \times 18, 18 \times 6, 216$

한 걸음 두 걸음!

1 $10 \times 5 + 5 \times 3 + 10 \times 3 + 10 \times 5 + 5 \times 3 + 10 \times 3 = 190$

2 $(10 \times 5 + 5 \times 3 + 10 \times 3) \times 2 = 190$

3 $10 \times 3(또는 3 \times 10) = 30, 26 \times 5(또는 5 \times 26) = 130, 10 \times 3(또는 3 \times 10) = 30$

4 직육면체 각 면의 넓이를 구하여 더하면, 합동인 세 면의 합에 2를 곱하면, 직육면체의 전개도를 세 개의 직사각형으로 나누어 넓이를 구하면

도전! 서술형!

※ 방법 ①, ②, ③의 순서는 바뀌어도 됩니다.

1 방법 ① - 각 면의 넓이를 모두 더하여

$7 \times 7 + 7 \times 6 + 7 \times 6 + 7 \times 7 + 7 \times 6 + 7 \times 6 = 266(\text{㎠})$입니다.

2 방법 ② - 합동인 면을 이용하여

$7 \times 7 \times 2 + 7 \times 6 \times 4 = 98 + 168 = 266(\text{㎠})$입니다.

3 방법 ③ - 직육면체의 전개도를 이용하여

의 넓이는 $7 \times 7 = 49$

의 넓이는 $28 \times 6 = 168$

의 넓이는 $7 \times 7 = 49$

세 직사각형의 넓이를 더하면 $266(\text{㎠})$입니다.

※ 전개도를 그리는 방법에 따라 다양한 방법으로 구할 수 있습니다.

100쪽 **실전! 서술형!**

여러 가지 방법 중에서 두 가지의 방법을 이용하여 넓이를 구하면 됩니다.

방법 ① - 각 면의 넓이를 모두 더하여 구할 때

$7 \times 12 + 12 \times 11 + 11 \times 7 + 7 \times 12 + 12 \times 11 + 11 \times 7 = 586$

방법 ② - 합동인 면을 이용하여

$(7 \times 12 + 12 \times 11 + 11 \times 7) \times 2 = 586$

방법 ③ - 직육면체의 전개도를 이용하여

의 넓이는 $7 \times 35 = 245$

의 넓이는 $11 \times 34 = 341$

두 직사각형의 넓이를 더하면 586(㎠)

※ 전개도를 그리는 방법에 따라 다양한 방법으로 나눌 수 있습니다.

102쪽 **첫걸음 가볍게!**

1 가로, 세로, 높이(세 개의 빈칸에 들어갈 낱말의 순서가 바뀌어도 됨)

2 가로, 세로, 높이(세 개의 빈칸에 들어갈 낱말의 순서가 바뀌어도 됨), 6, 8, 6(세 개의 빈칸에 들어갈 숫자의 순서가 바뀌어도 됨.), 288

3 가로, 세로, 높이(세 개의 빈칸에 들어갈 낱말의 순서가 바뀌어도 됨), 6, 8, 6(세 개의 빈칸에 들어갈 숫자의 순서가 바뀌어도 됨.), 288

103쪽 **한 걸음 두 걸음!**

1 가로 × 세로 × 높이(세 개의 순서가 바뀌어도 됨)

2 가로 × 세로 × 높이(세 개의 순서가 바뀌어도 됨), 4 × 7 × 11, 308

3 가로 × 세로 × 높이(세 개의 순서가 바뀌어도 됨), 4 × 7 × 11, 308

104쪽 **도전! 서술형!**

1 정육면체의 부피를 구하는 방법은 '한 변의 길이 × 한 변의 길이 × 한 변의 길이' 인데 정육면체의 겉넓이를 구하는 방법을 사용했습니다.

2 정육면체의 부피를 구하는 방법은 '한 변의 길이 × 한 변의 길이 × 한 변의 길이'이므로 5 × 5 × 5를 하면 정육면체의 부피는 125㎤입니다.

105쪽  **실전! 서술형!**

✏️ 잘못된 점은 직육면체의 부피를 구하는 방법은 '가로 × 세로 × 높이'인데 '(가로+세로+높이)×(가로+세로+높이)'로 직육면체의 부피를 구했습니다. 따라서 주어진 직육면체의 부피를 '가로 × 세로 × 높이'로 계산하면 10×5×4이고 직육면체의 부피는 200㎤입니다.

107쪽 **첫걸음 가볍게!**

1 정육면체

2 10×10×10

3 정육면체, 10×10×10, 5, 5000

108쪽 **한 걸음 두 걸음!**

1 가로, 세로, 높이가 30㎝인

2 30×30×30, 15×15×30, 27000, 6750, 20250

3 가로, 세로, 높이가 30㎝인, 30×30×30, 15×15×30, 20250

109쪽 **도전! 서술형!**

※ 주어진 도형을 직육면체 모양으로 다양한 방법으로 나누어 부피를 구하면 됩니다.

1 주어진 도형을 세 개의 직육면체로 나누어 부피를 구합니다.

2 왼쪽의 직육면체의 부피는 5×10×10, 오른쪽의 직육면체의 부피는 5×10×10, 앞쪽의 직육면체의 부피는 20×5×10입니다. 따라서 주어진 도형의 부피는 5×10×10 + 5×10×10 + 20×5×10 = 500 + 500 + 1000 = 2000(㎤)입니다.

110쪽 **실전! 서술형!**

※ 주어진 도형을 직육면체 모양으로 다양한 방법으로 나누어 부피를 구할 수 있습니다.

✏️ 주어진 도형의 윗부분을 잘라 아래의 빈곳에 넣으면 정육면체가 됩니다. 따라서 주어진 도형의 부피는 한 변의 길이가 25㎝인 정육면체의 부피와 같습니다. 부피를 구하면 25×25×25 = 15625(㎤)입니다.

Jumping Up! 창의성!

 1) 1cm³   2) 1728cm³   3) 1728명

 1) 2×2×2=8이므로 처음 도형의 8배입니다.

2) 3×3×3=27이므로 처음 도형의 27배입니다.

3) 4×4×4=64이므로 처음 도형의 64배입니다.

4) 5×5×5=125이므로 처음 도형의 125배입니다.

5) 가로, 세로, 높이가 각각 2배, 3배, 4배, 5배가 되면 처음 도형의 2×2×2배, 3×3×3배, 4×4×4배, 5×5×5배가 됩니다. 즉 같은 수를 세 번 곱한 수가 됩니다.

나의 실력은?

1 여러 가지 방법 중에서 두 가지의 방법을 이용하여 넓이를 구하면 됩니다.

방법 ① - 각 면의 넓이를 모두 더하여 겉넓이를 구합니다.

$12×7+7×5+5×12+12×7+7×5+5×12=358(cm²)$

방법 ② - 합동인 면을 이용하여 겉넓이를 구합니다.

$(12×7+7×5+5×12)×2=358(cm²)$

방법 ③ - 직육면체의 전개도를 이용하여 겉넓이를 구합니다.

■ 의 넓이는 $12×17=204$

■ 의 넓이는 $7×22=154$

두 직사각형의 넓이를 더하면 $358(cm²)$

※ 전개도를 그리는 방법에 따라 다양한 방법으로 나눌 수 있습니다.

2 직육면체의 부피를 구하는 방법은 '가로×세로×높이'인데 '(가로+세로+높이)×4'를 하여 직육면체의 모서리의 길이를 구했습니다.

직육면체의 부피를 구하는 방법은 '가로 × 세로 × 높이'이므로 8×7×9를 하면 직육면체의 부피는 504(cm³)입니다.

3 주어진 입체도형은 가로, 세로, 높이가 각각 10, 10, 30인 직육면체 6개로 나눌 수 있습니다.

따라서 전체 도형의 부피는 $(10 × 10 × 30) × 6 = 18000(cm³)$입니다.

※ 주어진 도형을 직육면체 모양으로 다양한 방법으로 나누어 부피를 구할 수 있습니다.

저자약력

김진호

미국 컬럼비아대학교 사범대학 수학교육과
교육학박사
2007 개정 교육과정 초등수학과 집필
2009 개정 교육과정 초등수학과 집필
한국수학교육학회 학술이사
대구교육대학교 수학교육과 교수
Mathematics education in Korea Vol.1
Mathematics education in Korea Vol.2
구두스토리텔링과 수학교수법
수학교사 지식
영재성계발 종합사고력 영재수학 수준1, 수준2, 수준3,
수준4, 수준5, 수준6

박기범

대구교육대학교 초등수학교육 석사
영재성계발 종합사고력 영재수학 수준3
2016 대구 달성교육지원청 아침수학 10분 출제위원
현 대구명곡초등학교 교사

김윤영

영남대학교 교육대학원 상담심리 석사
대구교육대학교 교육대학원 수학교육 석사
한국과학창의재단 수학클리닉 전문상담사
2014 대구광역시교육청 수학과 수업연구교사
2015 대구광역시교육청 교실수업개선 1등급
2015 교육부-네이버 지식in학교생활컨설턴트
2015 교육부 한국과학창의재단 좋은 수학수업 우수상
2014~2016 대구광역시교육청 협력학습지원단
2015 대한민국 수학교육상
현 대구파호초등학교 교사

지채영

대구교육대학교 교육학 학사
대구교육대학교 수학교육전공 대학원 재학
2012 대구광역시교육청 수학과 수업연구교사
2014 대구광역시교육청 학업성취도 평가 문항 개발 위원
2015 대구광역시교육청 수행평가 문항 개발 위원
2014~현재 대구광역시교육청 나이스 컨설팅 장학 운영 위원
2014~현재 대구광역시교육청 협력학습 지원단 및 수업기술나
누기 운영위원
현 대구태암초등학교 수석교사

완전타파
과정 중심 서술형 문제 6학년 1학기

2017년 2월 5일 1판 1쇄 인쇄
2017년 2월 10일 1판 1쇄 발행

공저자 : 김진호 · 김윤영
박기범 · 지채영
발행인 : 한 정 주
발행처 : 교육과학사

저자와의
협의하에
인지생략

경기도 파주시 광인사길 71
전화(031)955-6956~8/ 팩스(031)955-6037
Home-page : www.kyoyookbook.co.kr
E-mail : kyoyook@chol.com
등록: 1970년 5월 18일 제2-73호

낙장 · 파본은 교환해 드립니다.
Printed in Korea.

정가 **14,000**원
ISBN 978-89-254-1125-5
ISBN 978-89-254-1119-4(세트)